旅するカラス屋

松原 始

角川春樹事務所

旅するカラス屋

目次

第3章 カラス旅での出会い

本書に登場するカラスたち

画 松原始

日本

ハシブトガラス

ハシボソガラス

ワタリガラス

ワタリガラス
（頭の羽毛をふくらませた状態）

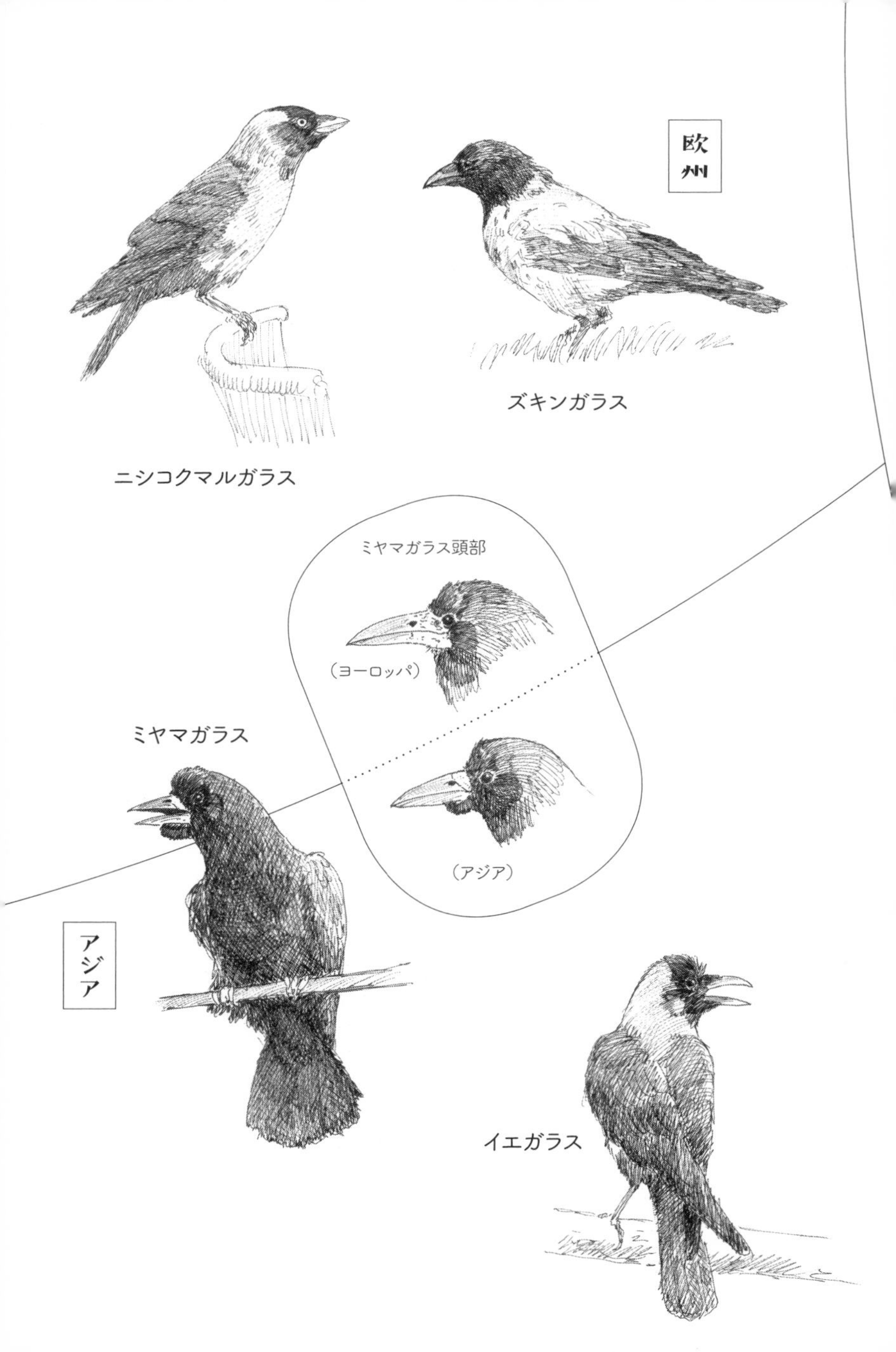
欧州
ニシコクマルガラス
ズキンガラス
ミヤマガラス頭部
（ヨーロッパ）
（アジア）
ミヤマガラス
アジア
イエガラス

はじめに〜さあ、カラスづくしの旅へ

未知なる土地をラテン語でテラ・インコグニタという。

紀元1世紀の博物学者大プリニウスは、著書『博物誌』の中で、世界に住まう数々の怪物たちを紹介している。一本足の人間スキヤポデス。半魚人ネレイス。キュレナイカに住み、視線だけで人を殺す毒蛇バシリスク。象に巻きついて倒すインドのドラコ（竜）。世界は謎の怪物だらけでもあった。

紀元2世紀にはプトレマイオスが世界地図を著《あらわ》したが、ここに描かれたヨーロッパから北アフリカ、アラブは比較的正確だ。南の方はかなり怪しくなって、赤道以南のアフリカは似ても似つかない。東もインドシナ半島の向こうは「なんか知らんけど大陸」である。第一、アフリカ南部がうにょーんと地図の端に沿って伸び、アジア東方とつながっている。

だが、それらを眉唾《まゆつば》と笑い飛ばしながらも、未知の怪物ひしめく未知の世界に心躍るものを感じないだろうか？　考えてみれば野生動物は生まれた場所から分散し、種子は風に飛ばされたり鳥に食べられたりして遠くへ運ばれる。テラ・インコグニタを目指すのは、あるいは、生物に刷り込まれた基本的な衝動なのかもしれない。麦わら帽子の海賊団だって、まだ見ぬ海へと船出したではないか。

子供のころは、世界地図を見ながら「ここに行けばどんな動物がいるのだろう」と考えた。今は「どんなカラスがいるのだろう」と考える。だから南米は行き先として微妙だ。すべてにおいて魅力的だが、一つだけ重大な欠点がある。カラスがいないのだ。カラス科のサンジャク類はいるが、カラス属は分布しない。南米でカラスの代わりに死骸《しがい》やゴミを漁《あさ》るのはコンドル類である。

私はそんなに旅行して回るほうではないのだが、調査や仕事や学会で旅をすることはもちろんある。そういうときの楽しみは景色であったり、行き先のうまいものだったり、地酒だったりするわけだが、鳥も楽しみの一つだ。北海道で初めて見た繁殖期のシメ、知床《しれとこ》で見たオオワシ、佐賀県で見たカササギなどなど。休日を利用して近所にミヤマガラスを見に行ったりすることもよくある。

そして、言うまでもなく、旅先のカラスである。沖縄美《ちゅ》ら海《うみ》水族館の前で初めて見たリュウキュウハシブトガラス。萩《はぎ》の近くで見た、ひょっとしたらミヤマガラスだったかもしれない大群。

研究者としてカラスに関わるようになってからは、旅先でカラスを見かけるのではなく、カラスを見るための旅にも出るようになった。京都から東京に行き、屋久島《やくしま》に行き、東京に来てからも日本のあちこちの山を回り、マレーシアにカラスを見に行った。

こう書くと「なんだそりゃ」と思われるかもしれない。マレーシアまで出かける理由が、リゾートでも観光でも食べ歩きでもなく、世界最大のトリバネアゲハでも巨大ナナフシでもなく、カラス。先日、テレビ東京の「YOUは何しに日本へ?」にカラスを見に日本に来たというアメリカの研究者が登場したが、彼女はツイッターで「日本のテレビに取材されたけど、カラスを見に来たと言ったらあまり本気にされなかったみたい」と書いていた。番組中では格別に変人扱いしていたわけではなかったと思うが、オンエアされたのはやはり、「ちょっと変わった人」と思われたからだろう。だが、私としては同志と呼びたい。

この本ではカラスの調査のための旅、学会旅行(結局カラスを見ていたが)、そしてカラスを見に行った旅を取り上げた。

調査のための旅には研究計画があり、調査項目や調査予定を立てて行う。一方、「カラスをただ見に行った」場合には、カッチリした予定がない。それはそれで気楽で楽しいし、そういう自由な観察(いや見物か)からアイディアが生まれることもある。どちらも必要なことだ。

このカラスづくしの旅は、読者には理解しがたいものであるかもしれない。だが、カラスは魅力的な鳥だ。そして、研究と探索の旅――物理的な旅だけではなく、仮説を立てて検証する過程という意味でもある――はとても魅惑的なものだ。

もし、見知らぬ世界に読者をお連れできるなら、そしてその旅のひと時を楽しんでいただけるなら、著者としては喜ばしい限りである。

第1章 調査のためのカラス旅

カラス訪ねて山々へ

山のカラスは何してる?

1998年夏、屋久島。大学院生だった私は、ヤクシマザルの調査に参加していた。調査域は海岸から5キロ以上、人里までは10キロ以上離れた、道もない山中だ。もちろん、人の気配などない。登山者も来ることはない。

サルを探して、沢の近くの森の中を歩いていたときのことである。

「カア! カア!」

ハイノキの藪《やぶ》の中を押し通っていた私のすぐ近くで、聞き慣れた大声が響いた。あ、ハシブトガラスだ。顔を上げると、少し離れた枝に止まって首をかしげ、こっちを見ているカラスがいた。と思ったら、「カア! カア! カア! カア!」と別の声がして、もう一羽が同じ枝に舞い降りてきた。こっちはちょっと声が低く、体も大きく見える。たぶん、オスだ。

2羽は私の方を向いたまま、カアカア鳴きだした。移動しようとすると通せんぼするように前方の枝に止まり直し、またカアカア鳴く。こいつらは雛《ひな》を連れているペアで、「よそ者は入ってくるな」と怒っているのか。それとも、めったに見ない人間が来たので興奮しているのだろうか？　ちなみにカラスとサルは仲が悪い。果実をめぐって資源を奪い合うライバルだからだ。私のことも「見たことのないサルっぽいやつ」とでも認識しているのかもしれない。いや、カラスの行動範囲の広さを考えれば、人間を見たことはあるか。なんにしても、ここはハシブトガラスの縄張りの中なのだ。

そうか、これが「野生」のハシブトガラスか。都会でゴミを漁《あさ》っているカラスと同種ながら、都市とは違う生活をしているであろうハシブトガラスが、そこにいた。屋久島《やくしま》で声を聞いたことや、遠くを飛ぶ姿を見たことはあったが、こんな至近距離で見たのは初めてだった。真夏の太陽に照らされた羽は艶《つや》やかに輝き、その姿は常緑の森の中にぴったりなじんで収まっていた。

それから7年たった2005年。私は京都大学理学部の研究員だった。ドクターはとったが就職先はなく、研究室が獲得した競争的外部資金で雇ってもらっていたのである。

「ハシブトガラスって山の中で何してるんですかね」

「わかりませーん」

東京大学農学部の研究室に勤務していた森下英美子《もりしたえみこ》さんとのメールのやりとりで、こんな話が出た。

森下さんとは、このころからずっと、一緒にカラスを調査している。私は運転免許を持っていないので、車の運転は彼女におまかせである。まことに申し訳ない。新潟の生まれで「イカは透明じゃないと」「エビは甘いのが普通」などと恐ろしいことを平気で言いだすが（こちとら海なし県の生まれなので、イカは白か赤に決まっているし、エビはエビ臭いのが当然である）、面白がりで日本酒が好きで鳥や環境教育に詳しくて調査経験が豊富、ハシブトガラスの煙浴《えんよく》行動や銀座のカラスの追跡など、カラスの研究もいろいろやっている。何より、ちゃんとカラスを見られる、数少ない人だ。野外のカラスをつぶさに、かつフラットに観察できる人は少ないのである。あと、ニャンコ先生（『夏目友人帳《なつめゆうじんちょう》』）と妖精さん（『人類は衰退しました』）もお好きである。研究以外にも何かというと一緒に遊んでもらっている。

ここまでに「カラス」ではなく「ハシブトガラス」と何度も書いた。というのは、カラスと言ってもいろいろあるからだ。

カラスは世界に約40種おり、日本で記録されたカラスは7種ある。ハシブトガラス、ハシボソガラス、ワタリガラス、ミヤマガラス、コクマルガラス、ニシコクマルガラス、イエガラスだ。

このうち、ハシブトガラスとハシボソガラスの2種が一番普通のカラス、私たちが普段、身近に見るカラスである。この2種は日本で繁殖しており、基本的に年じゅう見ることができる（ただし沖縄ではハシボソガラスは冬鳥）。

ハシブトガラスは全長56センチほど、くちばしが太くてアーチを描いており、「カアカア」と鳴く。大都市にもいるが、元来は森林性の鳥だ。

一方、ハシボソガラスは全長50センチほどで、少し小さい。そして農地や河川敷のような平地のほうが好きだ。くちばしはハシブトガラスより細くまっすぐで、鳴き声も「ガー」としゃがれ声。日本の多くの地域ではこの2種が（どちらが多いかは環境によって違うが）両方とも見られる。

ちなみに、時代劇なんかを見ていると山中で刺客に襲われるシーンなんかに「ガー！」と不吉なカラスの声が入っていることがある。だが……ハシボソガラスは連続した大きな森の中にはいないのである。

さて、ハシブトガラスは元来、森林性。それはよく知られているのだが、森林でのハシブトガラスの生活はまったく見えてこない。「ハシブトガラスの英名はジャングル・クロウで、もともと森林性だから、都会というコンクリートジャングルにも適応できたんだよ！」と言えば何か「うまいことを言った」感はあるが、よく考えてみたら語呂《ごろ》合わせ以上の意味はないのだ。ハシブトガラスは森林でどういう生活をしていて、どういう特徴があるから、コンクリートジャングルのどういう特性にマッチするのか、何も説明できていない。

都市部で観察する限り、彼らは地上が嫌いだ。地面に餌があるのを見つけると降りてくるが、すぐ高いところに逃げる。これは樹木が多く、下生えが密生し、かつ捕食者が地上に潜む森林に向いた生活のように思える。ハシブトガラスのこういった行動は自分で研究したから、それくらいは言える（もっとも、これとて時代と場所によるのだが）。だが、実際の森林での生活ぶりは、まだ推測にすぎない。

鳥関係の論文を検索してみて、改めて驚いた。日本の山中の森林でハシブトガラスがどう暮らしているかはもちろん、縄張りサイズや密度といった基礎的な事実さえ、そもそも調べた例がないのだ。由比《ゆい》正敏《まさとし》が研究した調査手法に関する論文には「ラインセンサスでの出現頻度が２００パーセントくらいになる」としてハシブトガラスが出てくる。ラインセンサスとは一定のルートを歩きながら、ルートの左右に出てくる鳥を記録する調査法だ。つまり、「カラスはでかくて目立ってよく動き回るから、1羽しかいなくても2回くらい数えちゃいますよ」ということだ。それほど目立つ鳥でありながら、人間のいない場所できちんと調べられた例は非常に少ない。

古典的な研究として樋口《ひぐち》行雄《ゆきお》らの「山地にはハシブトガラスが多い」というものがあるが、これは生活場所を調査したものではない。山地のねぐらに多い、という調査結果だ。その後、樋口広芳《ひろよし》の研究で森林と都市部に多いことはわかった。この研究は東海道線の列車に乗り、車窓から見えたカラスを記録するというものだ。広域を対象としたセンサスとしては有効だが、「何をしているか」まではわからないし、具体的な密度を推定するのもちょっと難しい。

都市部で、あるいは農地で、電波発信器やPHSやGPSデータロガー（データロガーとは動物にくっつけて、速度や位置情報などを記録させる装置）を使って追跡した例もあるが、森林で行ったという例はない。つまり、我々は山の中で暮らしているハシブトガラスについて、何も知らないのである。一方で「高山帯にカラスが増えてきたようだ」という話題は少しずつ聞こえてきていた。だが、「増えた」と「増えたように感じる」はまったく違うのだ。見かける機会が増えた、気づくことが増えた、といった感覚的な「増加」は常にあるが、こういう評価は要注意だ。見える範囲に増加しただけで全体としては減っていることもありうるし、気になって注意を向けてみたら気づくようになっただけで昔と変わっていない、ということもありうる。

そういった内容を、私は森下さんとメールでやりとりし続けた。

「森下さん、山の中のハシブトガラスって見たことあります？」

「あんまりないなあ」

「山を歩いてると1キロに1回くらい声を聞くような気はするんですけど」

「そんな感じかも。どこでですか?」

「実家の裏山です。屋久島もそうだったかな。芦生《あしう》（京都府にある、京大の演習林）でもそんな感じだったかもしれませんが、もうちょっと少ないかな」

「芦生ってすぐ行けるんですか?」

「行けますよ。研究利用を申請すれば車で回れますし」

「今度、関西に行くんだけど、芦生行っちゃいますか?」

「行きましょう」

かくして計画（?）がまとまり、我々は週末の間、芦生演習林でカラスを調査することにした。演習林は一般の登山客にも開放されているが、基本的に宿泊する場所はなく、日帰りが前提だ。研究で利用する場合は、演習林事務所の宿泊施設に泊まることができる。

山のカラスは静かに暮らしたい

さて、その日、私はフル装備で大学に行った。大学1年のときから使っている大型ザックには3日ぶんの衣類や食料。調査中に持ち歩くためのデイパックも、ペシャンコにして中に入れてある。宿泊施設の炊事場が使えるから炊事の用意まではいらないが、調査中にお茶が飲めると嬉しいので、コッヘルと登山用ガスストーブも用意した。双眼鏡とカメラはもちろんのこと、三脚とスコープも突っ込んである。足元は3シーズン用の、完全防水で頑丈な登山靴だ。今回は天気が悪そうなので、あまり適当な格好で行くわけにいかない。

夜、デスクに置いていた携帯電話が鳴った。こちらでの用事を終え、車を借りてきた森下さんからの連絡だ。長いあいだ、携帯を持たずに暮らしていたが、「お前は昼間どこにいるかわからんうえに連絡が取れない」と苦情が増え、仕方ないので持つことにしたカシオの頑丈携帯である。色はもちろん、黒だ。

「あ、お疲れさまですー。どこですか?」

「農学部の入り口ですが」

「そこから入って理学部まで来れます?」

「はい、行きますー」

よし、出発だ。部屋履きにしていた雪駄《せった》から登山靴に履き替え、気合を入れるように靴紐《くつひも》をグイと締める。そしてザックを背負い、研究室の電気を消し、ドアを閉めて鍵をかけて、廊下を歩きだした。久しぶりに聞く登山靴のドス、ドスという足音。この音を聞くと、「よし山だ!」という気分が高まる。ドス、ドス、ドスぱかっ、ドス、ドスぱかっ……ぱかって何だ?

足元を見ると、信じられない光景が目に入った。右足の爪先《つまさき》のソールがパックリと剝《は》がれているではないか! 剝がれた跡からはポロポロとゴムのクズのようなものがこぼれてくる。あああああ……これは噂《うわさ》に聞く、ポリウレタン製ミッドソールの加水分解ってやつか! 登山用品店に注意を喚起するポスターが貼ってあった。ポリウレタンというのはウレタン重合体、つまり単体のウレタン同士が結合して延々と連なったもので、靴底のクッションによく使われる。ところが、長年使っていると湿気が浸透し、結合部分に水素と水酸基がくっついて、勝手に分解してしまうのだ。

これはいかん、と思って左足もチェックしたら、そっちもぱかっと剝がれた。足を上げて見ると爪先だけではなく、内部がもうボロボロな様子。ダメだ。ミッドソールが完全に崩れている。ガムテープでぐるぐる巻きにすれば町なかを歩くくらいはできるだろうが、山では無理。こんなものを履いて歩くのはむしろ危険だ。これはもう、研究室に置いていくしかない。ほかの履物は……、
ない。

誰かがゴム長を実験室に置いていたような気がするが、借りようにも誰もいない。店も閉まっている。コンビニに安物のスポーツサンダルでもあれば、それを買うしかあるまい。それはそうとして、今、どうするか？

そう、さっきまで履いていた雪駄しかない。私は大きなザックを背負い、雪駄を履いて、校舎を後にした。

理学部2号館の前で森下さんと合流し、「哀しいことが起こりました」と言って足元を指したら、大笑いされた。

「どっかで靴買えます？」

「ここ京都ですよ？　こんな夜中に開いてる店ありませんぜ」

「コンビニは？」

しかし、その夜に見つけたコンビニには、サンダルは売っていなかった。あったとしても雪駄のほうがマシな程度のものだった。そのうち、山に近づいてコンビニそのものがなくなってしまった。

もういいや、雪駄で。

途中で宿に泊まり、芦生に到着したのは翌朝だ。演習林事務所で鍵を借りてゲートを開け、車を林道に進める。演習林事務所前までは一般車も入れるが、そこから先の林道は通行止めだ。

芦生演習林は京都北部にある。滋賀県高島郡朽木《くつき》村（現・高島市）、福井県遠敷《おにゅう》郡名田庄《なたしょう》村（現・おおい町）に接する地域だ。由良川《ゆらがわ》の源流でもある。標高はあまり高くないが、気候は完全に日本海側で豪雪地帯だ。そのため、関西には珍しくブナ林も発達している。ブナは寒冷というより、積雪に適応した樹木なのだ。

演習林は農学部林学科の演習にも使われるし、林学の実験林でもあるので、あちこちにさまざまな樹種の植林もある。どこを探すべきだろう。ハシブトガラスが果実食性だと考えれば、果実生産の多い、広葉樹の森林がいいだろう。大型の昆虫を食べるなら狙うのは甲虫類やチョウ・ガの幼虫だろうか。これも広葉樹林に多いはずだ。小型の哺乳類《ほにゅうるい》や鳥類を狙うにしても、真っ暗なスギの植林よりは、広葉樹林帯に多そうな気がする。シカの死骸を狙うなら？　これは樹種というより地形か。この時期なら川沿いにシカの死骸がよく見つかる。冬の間に死んだシカが雪に埋もれ、雪解けとともに斜面を滑り落ちて最後は谷底に集まるのだ。時には川に沿ってちょっと歩くだけで何頭もの死骸を見つけることもある。

あちこち行ってみたが、あまりカラスの気配がない。演習林事務所からは反対側の端になる長治谷《ちょうじだに》まで行ってみる。以前はキャンプ場とビジターセンターがあったところで、今も登山コースの起点になっている。キャンプ場跡の芝生の向こうにはスギが生えている。空が広い。

「カラス、飛んでませんかねえ」

そう言った途端である。頭の真上、高いところを大きな鳥が飛んだ。黒い。

「いた！」

「何かくわえてる！」

双眼鏡の視野に入れると、それがよく見えた。何か、小さな哺乳類だ。尻尾《しっぽ》をくわえてぶら下げている。足は短い。体はずんぐりしている。尾も短いようだ。ハタネズミか、ヒミズか、モグラのように見える。

ハシブトガラスはまっすぐに芝生を横切って飛び、スギが3本並んで生えているところに飛び込んで姿を消した。

確かにカラスがいる。そして、ネズミか何かを食べている。死骸を拾っただけだとは思うが。だが、その後はカラスの気配がなかった。林道をうろうろしていると、天気が悪くなり、霧が立ちこめてきた。

「全然見えませんな」

「こういうときは声のほうがいいんじゃないかなあ」

「あー、確かに」

視野が閉ざされれば、音声信号に頼らざるをえない。となると鳴き声に反応するかも。もちろん、鳴き声を再生するような道具は持っていないので、地声でカアカア言ってみるしかない。これは爬虫類《はちゅうるい》の研究者である長谷川《はせがわ》雅美《まさみ》さんが伊豆《いず》諸島の動物相《そう》を調査したときにカラスを探すのに用いた、ちゃんとした方法だ。恥ずかしがらずに大声でカアカア言うのがコツだという。

「カア、カア、カア、カア、カア！」

何度か霧の中で鳴いてみたが、湿っぽい風が吹きすぎるだけだった。

「ダメですかね」

「いないのかなあ」

「思ったよりカラスの密度って低いのかもしれませんね」

「でも、あの辺の枝とか、いかにも止まってそうじゃないですか」

確かにその通りだ。だが、霧が深くて何も見えない。いい加減諦めるか、と思い始めたころに、風が吹いてサッと霧が晴れた。すると、すぐそこに、カラスがいた。「?」みたいな感じで首をかしげてこっちを見ている。

「いた!」

「いるなら返事せんか!」

ハシブトガラスはこっちを眺めると、黙って翼を広げ、飛び去ってしまった。

……なんだったんだろう?

天気が悪くなると林道は水浸しになる。素足に雪駄なので、足が冷たい。しかも水浸しの泥まみれになり、雪駄の畳表がブワブワにふやけた状態で情け容赦なく歩いたものだから、ほぼ新品だった雪駄があっという間にボロボロになってしまった。悔しいので「野外用のアクティブ・セッター」と名付けて、今もコンビニに行くときに使っている。

芦生での調査は2度行ったが、結局、カラスの分布はよくわからなかった。マップに記録してゆくと、演習林事務所から小ヨモギ小屋までの由良川沿いの2キロにたぶん2ペア、ほかのところにはあまりいなくて、何カ所かでポツポツと見つかる、という感じになった。だが、そもそもカラスを効率よく発見できているかどうか、さっぱりわからなかった。霧が晴れたらカラスがいた、というエピソードを書いたが、ほかにも帰ろうとしたら車と並走するように飛んでいたり、どうにも様子がつかめない。

ハシブトガラスの存在に「気づかない」というのは都市部ではちょっと考えられないことだ。彼らは何かあればすぐカーカー鳴くと思っていたのだが、そういうわけでもないらしい。

2度目の調査を終えて京都市内に戻る途中、土砂降りに見舞われた。雨で煙る中、山村の納屋の軒下にハシブト一家が飛び込んでいくのが見えた。雨宿りだ。親鳥が2羽、それからまだ目の青い雛たちが、なんと4羽もいる。まさかと思って数え直したが、やっぱり4羽だ。すごい、初めて見る子だくさんだ。ハシブトでもハシボソでも雛数は3羽までしか見たことがなかった。山の中って、意外と餌は豊富なのだろうか？

カラスの親子は軒下に積み上げられた薪《まき》の山に止まり、時折頭に落ちてくる滴をプルプルと振り払いながら、雨がやむのを待っていた。

山村の外れに静かに暮らしているハシブトガラスの一家がいるのに、私たちは彼らの暮らしを何一つ知らない。街のカラスだけを見てカラスを知った気になるのは間違いだ。むしろ、あれがカラスの原風景に近いのではないか。

ＭＩＦ、発足！

２００７年の夏、東京大学総合研究博物館に職を得て、私は東京に引っ越してきた。埼玉県に住んでいる森下さんとも近所になったので、せっかくだから「山のカラスは何してるの？」という研究を、関東で続けることにした。この調査の名称も決まった。マクロリンコス・イン・フォレスト（森の中のハシブトガラス）、略してMIFだ。モリシタ＝マツバラ・イン・フォレストとも読める。宇宙人を取り締まる黒スーツの人たちや、インポッシブルな大作戦を行う諜報《ちょうほう》組織は関係ない。

さて、この調査で調べたいことはいろいろあるのだが、まず手をつけたのは、「山の中にカラスっているの？」という根本的な問題だった。芦生で確かにハシブトガラスは見かけた。屋久島の森林でもハシブトガラスを見たことはある。だが、「見かけることがある」では困るのだ。どういう森なら、どれくらいの密度で住んでいるかを考えたい。そのためには、いるなら「いる」、いないなら「いない」とはっきりさせる必要がある。「見かけなかったから、いないのかもしれないなあ」ではデータにならない。いや、厳密に言えば「いない」という証明はいわゆる「悪魔の証明」でほぼ無理なのだが、それなりの発見効率が期待できる方法で探して「それでもいませんでした」という結果でないと、自分が納得できない。

妄想を語れば、なんらかの方法で森の中にカラスがどれくらいいるかを調べることができれば、日本にいるカラスの個体数を計算することもできる。森林環境でのカラスの平均密度を割り出して、日本の森林面積をかけ算すればいい。農地、郊外、大都市で同じことをやれば、日本のすべての環境を網羅してカラスの個体数が計算できる。各環境の個体数を足し算すればそれが「日本にいるカラスの個体数」だ。

いや、白状すればこれは三上修《みかみおさむ》さんがスズメの個体数を計算するときに使った方法そのものなのだが、「あれ、カラスでもやったら面白くない？」という話も、森下さんとしたことがあったのだ。もっとも世間の偉い先生たちは特に面白いと思ってくれなかったらしく、研究助成金を取れなかったので、研究費はすべて自腹である。

さて、調査計画を考える。計画以前に、方法の検討が必要だ。なにせ誰もやったことがないのだから、どうやって調べたらいいかも全然わからない。

「芦生行ったじゃないですか。確かに1キロに1ペアくらい、って感じがするー」

打ち合わせというかカラス談義をしていたら、森下さんが言った。ふむ、彼女も同じ印象を持ったたか。なら、たぶんこの読みは正しい。

「そんな感じですね」

「鳴きまねしたら鳴き返してきたから、あれやればいいんじゃないですか」

「あー、プレイバックか」

「鳥の声のCDならカラスの声もありますよ」

「縄張り持ってないやつの反応はわかんないけど、縄張り持ちは絶対、侵入者だと思って反応するはずですよね」

「そうか、繁殖ペアが相手か」

「まあいいんじゃないですか？　繁殖してないやつは定住してないから、密度を割り出すのがやっかいだし」

本当は繁殖していないやつも全部探せればいいのだが、それを言いだすと良い手を思いつきそうにない。まずは繁殖個体を相手にしよう。ある程度広域に分布を調査する方法として思いつついたのは、調査ルートを移動しながら、一定間隔でカラスの音声を流し、聞こえる範囲にいるカラスに返事をさせる、というものだった。カラスの声が仮に500メートル届くとすれば、1キロおきにカラスの鳴き声を再生したら、ルート沿いにいるすべてのカラスを「呼び出す」ことができるはずだ。

従来知られているハシブトガラスの縄張りサイズで最大のものは49ヘクタールだ。これは1980年ごろの東京・赤坂《あかさか》での黒田長久《くろだながひさ》による研究結果だ。餌の少なそうな山の中ではもっと広いかもしれないが、まずはこの数字を一つの基準としよう。面積が49ヘクタールの円を仮定すれば、直径は約800メートル。体感的に、山のカラスの分布は1キロメートルおき。ふむ、意外と現実的な数字じゃない？

調査のおおまかなデザインは次のようなものになった。まず、人家から（できたら）1キロ以上離れた道路を探す。ここを車で移動し、1キロおきにハシブトガラスの音声を流す（道に沿って計った距離ではなく、2地点間の直線距離が1キロメートル）。5分待ってカラスの反応を見たら、次のポイントに移動してまたカアカア鳴く。その地域の平均的な分布密度を知りたいので、1ルートにつき10カ所くらいはプレイバックするポイントが欲しい。つまり、ルートは少なくとも10キロ、道の曲がりを考えればもっと長いルートになる。

ところで、本調査の前になんとしても確かめるべきことがあった。「カラスって本当にプレイバックに反応するの？」ということだ。

プレイバックに対する反応がマチマチだったり、調査者が確認できないような反応だったりしたら困る。大声で鳴き返すとか、音源に向かってくるとか、そういう、わかりやすい反応をしてくれないと。

ということで、まず、我々はこの、調査方法そのものが実用的か？　という検証から始めることにした。

音源にしたのは野鳥の声のＣＤ。森下さんの持っていたシリコンオーディオに録音し、スピーカーも森下家にあったポータブルスピーカーを拝借した。注意しないと再生したときに「ハシブトガラス」という、やたらいい声のナレーションも聞こえてしまうが、まあ、それはそれで別にかまわない。

これを使ってカラスの音声を聞かせ、その反応を観察すればいいわけだ。今回は我々が望むような反応を返してくるかどうかだけがわかればよい。ポイントは「鳴くか」「飛んでくるか」だ。そこで、まず５分間、カラスの音声数を計測し、それからカラスの声を再生して聞かせ、プレイバック後５分間の音声数をまた計測することにした。距離については、プレイバックを聞かせる直前までの最接近距離と、その後５分間の最接近距離を比較した。プレイバックによって行動が変化するなら、前後で音声数や接近距離が変化するはずだ。

ところが、今度は町なかのカラスの騒々しさ、慌ただしさが、検証の邪魔をした。カラスはとにかく、常に何かに向かって鳴いているのだ。向こうを通りすぎるハシブトガラスに向かって鳴き、隣で騒いでいるハシボソガラスに向かって鳴き、地上を歩いてくるネコに向かって鳴く。プレイバックによる影響があったとしても、５分間に１００回も鳴かれると「プレイバックの前も後もとにかく鳴きっぱなしです」としか言いようがなくなる。

距離も同じだ。カラスは5分どころか1分だってじっとしておらず、あっちへ飛んでいき、こっちへ止まりするので、「最接近距離」というのが全然意味をもたなかったりする。本当にプレイバックの影響がないなら「この手法は使えません」とスッパリ諦めもつけられるが、どう見ても周囲の刺激が多すぎて、プレイバックした音声への対応が後回しになっていたり、数値に表せなかったりするだけなのだ。このときは安易に東京都内の公園で実験したことを悔やんだ。

一方、「じゃあカラスの少ないところに行こう」なんて考えると、今度はその少ないカラスを探すところから始めなくてはいけない。カラスを探すための方法を開発・検証するためにカラスを探すというのは本末転倒も甚《はなは》だしい。ということで、「ほどほどにカラスがいる場所」を探して、東京や埼玉のあちこちをウロウロした。一番いい感じだったのは、郊外にある大きめの公園である。こういうところには繁殖個体が縄張りを持っているので、比較的反応が読みやすい。また、よそ者の侵入が頻発するわけでもないので、カラスが何かに怒りっぱなしということも少ない。

実験してみると、ハシブトガラスは確かに、音声を聞いた途端にこちらに向き直り、すぐに鳴き始めた。また、音源に向かって飛んできた。近づくどころか頭上まで来て旋回するものがほとんどだ。ただ、まったく鳴かずに逃げてしまうものもいて、これは扱いに困った。おそらく縄張りを持っていない個体だと思うのだが、その確認ができない。

一度、ハシボソガラスが反応したことがあった。ハシボソはハシブトの音声を聞いた瞬間に黙って飛び、音源のすぐそばまで来て黙ったまま電柱に止まった。そして、頭の羽毛を立てながら周囲を見回した。どう見ても警戒しているのだが、声は出さない。一度しか観察できなかったが、この反応の違いも興味深かった。

とにかく、この予備実験を行って、「プレイバックを聞かせるとハシブトガラスはよく鳴く。スピーカーに接近もする」ということを確認したのだった。これで調査方法の根拠はできた。

雪の中の邂逅《かいこう》

さて。最初にこの調査を始めたときは、「とりあえずやってみる?」といった感じだったので、調査地の当たりをつけるつもりで、埼玉県の広河原逆川《ひろかわらさかさがわ》林道に向かった。埼玉県飯能《はんのう》市の名栗《なぐり》湖から、埼玉県秩父《ちちぶ》市の秩父さくら湖へと抜ける長い林道だ。ハシブトガラスの産卵は3月半ばあたりから。となると、2月末には縄張りも決まって、そろそろ巣を作ろうかというころだ。調査は2月から開始する必要がある。

私たちは2月のある休日、調査を開始した。出発は早朝だ。そして、寒い。ひどく寒い。狙いすましたかのように来襲した寒波のせいである。

車で山に行ってみると、急勾配《こうばい》・急カーブの連続する路面は積雪がツルンツルンに凍りついていた。最初のうちはなんとかなったが、ふと横を見て、「あ、これはアカン」と直感した。

「森下さーん、滝が凍ってる」

「え?　どこ?　どこ?　見てる余裕ない!」

「あ、はい」

そりゃそうだ。急な登りで急カーブ、しかも凍結路である。

「引き返したほうがいいと思うんですが」

「そうだけど、ここで切り返せないし！　行くしかないってば！」

路面からはガリガリと嫌な音がする。時にギュルン！　と空転する音がして、車がズッと横にずれる。それを押さえ込みながら登っていくと、とうとう、路面が完全に凍結してまったく進めそうになくなった。

「ちょっと見てきます」

せめて私にできるのは先の状況の確認くらいだ。降りてみると、雪が凍って登山靴でも危ない。蹴ってみるとガチガチだ。注意しながら数十メートル歩いて、カーブの先まで見通してみたが、これはダメだ。

「全然ダメっす。この先ずっとこんなの。戻るしかないですね」

森下さんは慎重に道幅を確かめると、見事、カーブでちょっと広くなっている場所を利用して車をUターンさせた。それから、せめて林道の反対側を確認するために国道２９９号を通って秩父に向かった。

「結構な雪ですけど、これ、大丈夫っすか？」

「あ、大丈夫。轍《わだち》が黒いから」

なるほど。先行車が踏んだ路面が出ていればなんとかなる、ということか。森下さんは新潟の人だから雪に慣れていると信じよう。

秩父に近づき、正丸峠《しょうまる》の長いトンネルを抜けると、そこは雪国だった。轍の底が白くなった。

「うわ、轍まで雪！」

「やばっ！」

森下さんは言うなり、車を待避所に寄せて止めた。それだけで一瞬タイヤが滑りそうになるほどの積雪だ。これは無理である。

「森下さんでも無理っすか」

「あたし新潟では運転してないから」

そうか、子供のころに雪には慣れ親しんだかもしれないが、その後で実家を出ていれば雪道の運転に慣れているというわけではないか。

仕方ないのでその日は帰って、翌朝、十分に雪の備えをしてから出直すことにした。そうしたら、夜の間から降りだした雪がさらにドカッと積もった。どう考えても昨日より危険だ。行き先をもう一つの調査地候補だった奥武蔵《おくむさし》グリーンラインに切り替えたものの、路面が凍結しているのは同じ。死なないうちに撤退した。

この後３週にわたって行こうとするたびに雪が降り、車では到底上がれない天気が続いた。最後は業を煮やして雪道を徒歩で上がって下見する、といったことまでやらかした。雪を巻き込まないよう、高さのあるコンバットブーツを履いていたが、雪の中をトボトボと上がると足元から冷えが這《は》い上がってきて、震えと鼻水が止まらない。まるで東部戦線のドイツ軍だ。歩いていると、雪の中に小さな立て看板が見えた。「田舎《いなか》不動産」と書いてある。

「森下さん、さっきから出てくる看板、なんですかね？」

「田舎不動産？」

「やっぱり田舎暮らしのための物件とか、そんなんですかね」

「看板が立ってるとこが物件とか？」

「どう見てもなんもなかったですが」

「土地だけかもー」

「あー、だったら土地買って調査基地にしちゃいますか」

「それいい！」

「そういえばさっき、廃屋だか物置小屋だかありましたが」

「あれも田舎不動産？」

「もしかしたら事務所」

「本社とか」

「なるほど、田舎だ」

こんな馬鹿話で気を紛《まぎ》らしながら、稜線《りょうせん》上の奥武蔵グリーンラインにたどり着き、雪に埋もれた道路をまたザクザクと歩いて下見だ。カラスがどういうところにいるのかは、まったくわからない。当てずっぽうで眺めるしかない。

時折、木々の枝から音もなく雪が落ち、雪煙を立てながら散ってゆく。音が雪に吸収されるのか、周囲は異様なほど静かだ。静寂の中、時折、コガラらしい声が聞こえる。コッコッコッ、と音がするのは、コゲラかヤマガラが枝を叩《たた》いている音だろう。突然、灰褐色《はいかっしょく》の何かが木立から飛び出し、大げさに羽ばたいて飛び去った。だがまったく音がしない。なんと、フクロウだ。

しばらく歩いて、適当なところで立ち止まった。尾根筋の直線道路で、右側は落葉樹林だ。左はスギが多い。

滑りやすい凍結路でスピーカーを担いで歩くのは怖かったので、プレイバックの用意はしていない。私は地声で「かあかあかあ！」と鳴いた。だが、周囲はあまりにも静かすぎる。カラスがいるような場所には思えない。

「なんの気配もありませんな」

「ですねー」

そんな会話をした途端である。道路の上空を、まっしぐらに黒い影が近づいてきた。真っ白な雪景色と雪曇りの空の中、それだけが黒い。影はどんどん大きくなり、凍《い》てついた空気に「ヒュンヒュンヒュンヒュン」という羽音が響いた。

「カア！　カア！　カア！」

ハシブトガラスは三声《みこえ》鳴くと、私たちの頭上20メートルほどのところを通り、鋭く旋回して飛び去った。

「……いましたね」

「……いた」

これが、初めてこの調査で「呼び出した」カラスだった。

ハシブトガラスの奇妙な分布

結局、この奥武蔵グリーンラインが最初の調査地となった。グリーンラインは埼玉県入間《いるま》郡毛《も》呂《ろ》山町《やままち》の鎌北湖《かまきたこ》から秩父郡横瀬《よこぜ》町《まち》の芦ヶ久保《あしがくぼ》へ抜ける舗装道路だ。このルートは全体にちょっと人家に近いのが問題だったが、観光地に近いこともあり、アクセスも路面状況も良い。広河原通りはこの後、崩落により通行止めになり、しばらく復旧しなかったので後回しとした。

さて、奥武蔵グリーンラインに20カ所の定点を決めて調査を行ったところ、なんだか妙なことに気づいた。雪の中でカラスに出会って感動した地点は、春になるとピタリとカラスが来なくなった。必ず出てくるのは最終定点である№20「木の子茶屋前」だが、ここは茶屋があって畑があって別荘地があってすぐ下は果樹園だから、そりゃカラスもいるだろう。№2「おべんと広場」も目の前の谷の中でよくカラスが鳴き、飛び回っているのが見えることも多かった。次の「北向《きたむき》地蔵」も、高い確率でカラスがすっ飛んできた。№4と№5は微妙だ。どちらも頭上まで来たこともあるが、いないことのほうが多く、カラスがいるとしても活動の中心ではないようだった。定点№6「梅林」は見通しのきくポイントで、送電鉄塔に止まってあたりを警戒するカラスや、1キロメートル近く離れた鉄塔から縄張り防衛のために飛来する様子が観察できた。№7「ベラビスタの裏」も必ずカラスがいて、スギ林の中をすっ飛んできたこともあるが、峠の蕎麦《そば》屋やピザ屋があるから、という理由は大きかろう。

ところが、ここから先へ進むと、№10「関八州《かんはっしゅう》」あたりを境に、カラスの気配が薄くなる。№15「刈場坂《かばさか》峠」にはカラスがいるが、ここは峠の茶屋があって弁当を食べている人が多いので、それが理由だろう。その証拠に、茶屋が営業をやめて取り壊されてしまった途端にカラスは来なくなった。おそらく、本拠地は谷の下の方で、時々餌を食べに峠まで来ていただけなのだ。

次にカラスが出るのは2キロメートルも先の大野《おおの》峠で、それも峠そのものではなく、北東側に少し下がったあたりだ。春先は№16「おじさんポイント」と№17「県民の森」でも見たことがあったが、繁殖期になると姿を消した。どうやらカラスが定住しているのはその先のキャンプ施設あたりだ。№18「双子切り株」でたまに発見しているのも、飛来・飛去方向から考えて、そのキャンプ施設にいるペアだろう。国道へと下り始めた定点№19「コカ・コーラの森」付近では観察記録があるが、縄張りからは外れているらしく、遠くを飛ぶ姿が見える程度であった。

この妙な分布状況は何だろう？　前半はカラスが多くて、後半は急に減る。そして、最後の方でまた出てくる。朝のうちにコース前半を通過し、中ほどは昼間、そして最後は午後遅い時間になるので、時間帯によってカラスの活動性に差があるのか？　だが、秩父で一泊した翌日、コースを反対側から辿《たど》っても、結果は同じだった。ということは、時間帯のせいではない。

地図を眺めてまず気づいたのは、カラスがいない場所は標高が高いということだ。県民の森付近は標高1000メートル近く、初夏でもひんやりする場所である。関連して思いつくのは餌不足だが、それは考えにくいだろう。グリーンラインの前半部と定点№18以降は植林の目立つ場所で、むしろカラスの少ないあたりこそが、落葉広葉樹林の残された環境だ。カラス科であるカケスなんかは、こういった環境が大好きだ。真っ暗で植生の多様性に乏しい植林地のほうが、餌を採るには困るのではないか。

ということで、最初に得られた結論は「カラスは山の中にも確かにいるが、1キロおきとか2キロおきとか、そんなレベルの密度である。そして、その分布には疎密《そみつ》がある。理由は知らん」ということだった。

さて、あれこれやりながら、奥武蔵グリーンラインには3シーズンほど通った。春から初夏にかけて、二人とも平日は勤務して週末は調査である。ついでに秩父市街の蕎麦屋もだいたい制覇した。もちろん秩父の誇るご当地グルメ、わらじカツと味噌《みそ》ポテトもだ。また、地酒である秩父錦《にしき》はイチオシしておきたい。特に秩父錦・甕口酒《かめくちしゅ》があれば迷わず買うべきである。

カラスの居場所を確かめるのに使ったプレイバック法は広域を一度に探るには良いが、要は「その時、どのへんにいるか」だけをスクリーニングする方法にすぎない。1ペアあたりにかけられる調査努力量は小さいし、「どの範囲を使っているか」といった空間的な広がりに対しても調査精度が低い。それだけに、「はたして今年見ているのは、本当に縄張りの分布を示しているのか」という心配があった。加えて、距離の離れた、音声の届きにくい場所まで探知できているのか？　という疑問もあった。そのため、メインのセンサスルートだけではなく、周辺の谷間などにピンポイントでカラスを探しに行くこともやった。結論としては、よほど複雑な地形でなければだいたい探知できているとわかった。ついでに「山猫軒」の謎を探ることにも成功したが、これはまた別の話である。

また、まさかとは思うが、山のカラスは放浪性で毎年縄張りを変えてしまうなんてことも、ありえないとは言えない。これをやられると、年をまたいだ調査や比較がやりづらくなる。可能性は低いと思うが、なにせ誰も調べていないのだから最初から「ない」と決めてかかるわけにはいかない。

幸い、3年やってみて、どうやら去年いたところには今年もいるし、いないところにはやっぱりいない、という結論を得た。これをもって「同じペアが」毎年同じ場所にいるとは言えないが、まあ、それは町なかでも同じだ。縄張りの安定性については、とりあえず、市街地と同様に考えておくことにした。

その一方で、ようやく通れるようになった名栗の方にも足をのばした。こちらは全体に標高が高く、落葉広葉樹林がより多い。ルートの端にマス釣り場があるので、調査ができないときはニジマスを釣って食べることもできる。

このルートはその後もしばしば通行止めになったため、定点調査に切り替えて調査したこともある。自動車が通れなくても徒歩なら通過できる場合があるからだ。といって、10キロメートルにもおよぶ封鎖区間を歩いてセンサスするのはつらいから、いっそ定点にしたわけである（ま、それにしたところで定点まで4キロメートルくらい歩くのだが）。

また、定点調査の場合、一日じゅうその場に座っているぶん、プレイバック法を併用したラインセンサスよりも探知能力は高いだろう。もしその付近にカラスが定住しているなら、一日待っていてもカラスが鳴きもせず飛びもしない、ということはないのではないか。だとすれば、定点調査を行えば、「その付近にカラスがいるか、いないか」を完全に確かめることができるだろう。

このように、プレイバック法の感度についてはいつも、本当にそこにいるカラスを全部探せるのかどうか、若干の疑問があった。特に最初に使っていたスピーカーはやや音量が不足気味なため、そこにも懸念《けねん》があった。何年も調査を続けた結果、「スピーカーをパワーアップ」「プレイバックして5分待ち、もう一度プレイバックしてさらに5分待つ」という方法で、カラスの反応が高くなることがわかった。音量を上げれば刺激を大きくするだろうし、より遠くにいたり、音が届きにくい場所にいたりするカラスをも呼ぶことができるだろう。また、1度のプレイバックではおびき出されない慎重なカラスも、2度も続けて鳴く無礼な侵入者には黙っていないのだろう。現状では、この改善型プレイバック法で、カラスがいればほぼ確かめられると考えている。

え、カラスは△△がお好き？

こうして名栗も調査して、カラスのいた位置を地図に描きしるしてみると、またしても「カラス空白地帯」が表れてきた。カラスの多い場所ではだいたい1キロメートルおきに「カラスの活動の中心点」が抽出できる。ところが場所によってはポコンと空白があり、2キロメートルとか3キロメートルにわたってカラスが見つからない場所がある。これは一体何か？

もちろん、「偶然そこに住み着いていたカラスがいなくなって、まだ誰も入ってきていない」ということもあるだろう。だが、またしても標高の高い場所にカラスがいないようにも見えるのだ。一体どうなっている？

ここで威力を発揮したのがＧＩＳである。ＧＩＳとはGeographic Information System（地理情報システム）の略で、緯度経度を基準として、「このポイントはこういう場所」という情報をどんどん積み重ねていくシステムだ。ある位置を指定すると、「標高」「気温」「雨量」「植生」などの情報を取り込むことができ、選択した情報をマップとして表示することができる。森下さんがＧＩＳを使えるので、得られたデータを処理してくれた。先ほどちょっと書いた「カラスの活動の中心点」というのも、観察データを地図上に記入した後、カーネル法という方法で処理して得られたものである。

ただ、これだけでは何ペアいるかを確定できない場合があったので、もっとアナログな、「ケンカしていたのでここが縄張りの境界線」「観察された点の最外郭を結んで行動圏と見なす」という方法も併用した。

さて、こうやって処理した結果、森下さんが明確に示したのは「名栗の場合、標高に関係なくカラスはいる」ということである。確かに、奥武蔵では標高の高いところがカラス空白地帯だった。名票でも、非常に目立って「カラスがいない」と感じられる場所の1カ所は、標高の高いところにある。

だが、そこから少し離れた、同じくらいの標高の場所にはカラスがいる。逆に、もっと標高の低い場所にも、カラスの空白地帯がある。ということは、カラスの空白は標高のせいではない。「標高が高いところにはいない」という直感的な判断は、「目立つところの印象に引きずられる」というバイアスの産物であったわけだ。では何が違うのか?

最終的にデータから森下さんが結論したのは、「カラスのいない場所は落葉広葉樹林が多い」ということだった。確かに環境省の植生データとカラスの分布を重ねると、カラスの空白地帯はブナ林やミズナラ林で、落葉広葉樹林である。一方、カラスの多いところはスギ・ヒノキ・サワラなどの植林なのだ。

マジっすか?　ていうか、ウソやろ?

最初、絶対に何かの間違いだと思った。しかし森下さんの出してきたデータは、確かに「植林にこそカラスがいる」ことを示している。えー?　そんなはずないんじゃない?　しかし、言われてみれば、カケスがいるところにはカラスがいない気がする、という話を、調査中に森下さんと何度もした。プレイバックしようとしたらカケスが「ジャーッ」と鳴くことがあり、「あ、どうせカラスいませんよ（笑）」「ほーらやっぱりいない」なんて言い合っていたのだ。

そして、カケスはドングリが大好きなので、よく見かけるのはコナラやミズナラ林、つまり落葉樹林だ。むむむ……すると、カケスの多い落葉広葉樹林には、カラスがいないってこと?

結局、最後には私も「カラスってスギ林にいるよね」と認めざるをえなかった。理由はわからない。だが、いるものはいる。理屈は後で考えるとして、現状の理解としてはそう言わざるをえない。ちなみに、森下さんは私が最初は全然信じなかったことを今でもネタにする。だって信じられないじゃない。

それはともかく、この辺の結果を日本鳥学会大会《にほんちょうがっかい》で発表した。心強かったのは松田道生《みちお》さん、F岡先生など、長年カラスを見ていた方たちが「うん、そんな感じだよね」と言ってくださったことだ。

そして調査を続け、2013年の鳥学会大会。「山のハシブトガラス　プレイバックパート3」が、我々の口頭発表のタイトルであった。こういうアホなタイトルを思いつくのは、もちろん私だ。いや、冗談で仮につけておいたのだが、森下さんも(呆《あき》れていたかもしれないが)やめようと言わないので、そのまま最後まで残ってしまったのである。森下さん曰《いわ》く「変なタイトルはすべて松原のしわざ」だそうだ。

内容はそれまでの埼玉県での調査に加え、屋久島のあちこちで調査を行い(次節参照)、カラスの好む環境を解析しようとしたものであった。

口頭発表を終えて質疑応答の時間になった。これが正念場、というか、最も恐ろしい時間だ。へたをすると鋭い質問が急所を狙ってくる。今回は、やられた。

「内容は非常に興味深いと思うのだが、屋久島の何カ所かを回ったとしても、地域としては一つですよね。それをサンプル数として数えるのはおかしくないだろうか」

……いきなりクリティカルヒットきました。その通りなのだ。屋久島の数カ所で調べた結果を継ぎ合わせて解釈すれば「屋久島のハシブトガラスはこうでした」までなら言える。だが、調査地域としては1カ所にすぎないわけで、「ハシブトガラスとは一般的にこういうものです」とは言えない。まして屋久島の気候や植生はかなり独特なものなので、「それ、本州だったら全然違うよね」と言われたら返す言葉がない。これはもう、「その通りでございます」と答えるしかあるまい。

さて、そうは言ってもサンプル足りないよ、一般化が不十分だよ、という建設的な指摘であって、「はぁ? お前のやってることに価値なんてねえんだよ」と息の根を止められたわけではない。つまり、サンプルを増やせばいいのだ。それもなるべく一般化できるよう、さまざまな場所で。

この時、森下さんは用事があって学会に参加していなかった。学会の後、質疑応答やほかの研究者の反応を伝えたら、彼女はこう言った。

「これはもう、日本中行くしかないんじゃないですか?」

「まあ、そういうことですなー」

だが、どこでもいいというわけにはいかない。我々は今、スギ植林と落葉広葉樹林、という対立軸を考えている。となると、「植林ばっかし」から「落葉広葉樹ばっかし」まで、幅広く調べなくてはいけない。いやもう、その両極端だけを狙うほうが単純だ。中途半端に半々くらいなんてサンプルばかりあっても、解析に困る。となると……。

「調査可能な場所を洗い出すところから始めたほうがいいでしょうね」

とにかく人里離れていて、植生がはっきりしていて、しかも車が入れるところが調査地候補だ。定点を10個くらいは取りたいので、10キロメートル以上の延長も必要だ。そんな場所を探すのは、一昔前なら大変だったに違いない。だが、現代はネットを駆使して情報が手に入る。私はメーリングリストやSNSで「誰か人里から遠くて森林が発達してて車が入れるとこ、知らない？」と知人に質問を投げた。

全国カラスツアーへ

もちろん、自分でも場所を探しまくった。グーグルマップを開いて、道路の空白地帯を探すのだ。大きな道路がたくさん通る場所には必ず町があるからダメだ。せめて1キロメートル、できたら3キロメートルくらいは人里から離れていてほしい。それから拡大率を上げていき、小さな村などもないことと、それでいて細い道なら通っていることを確かめる。道もない山中だと調査できない。ここで山奥に向かう道が途切れていても落胆してはいけない。うんと拡大すると描画されることがあるし、たとえネット上の地図に出ていなくても、実際は林道が通っていることもありうる。

次にこの地図を航空写真に切り替え、景観を確かめる。航空写真モードで拡大すると、小さな集落や家、田畑の分布、細い道も読み取ることができる。運が良ければ落葉樹か常緑樹かもわかる（冬の撮影ならば、葉が落ちているかどうかがわかるからだ）。ストリートビューが見られれば完璧だが、細い林道では撮影されていない。これに加え、友人たちがネット上で教えてくれた場所もマップで確認する。

これで大まかな位置を決めたら、そのあたりの地名を元にして、「△△林道　◯◯山　ツーリング」などのキーワードでネット上を検索する。するとヒットするのが林道を愛するバイクライダーさん、自転車ライダーさん、４ＷＤ愛好家さんのブログだ。「△△林道を走ってきました」といった日記が掲載されているので、なるべく新しいブログを見て道の様子をつかむ。林道は崩落や落石による部分閉鎖も多いから、最新の情報が欲しい。時には「□□県の林道」のように地図と共に林道データをまとめて掲載してくれているサイトもある。

さらに、キーワードをそのままにして動画検索をかけると、車載カメラやアクションカメラで撮影したツーリングの様子がアップされていることがある。これがあれば、林道の細かい路面状況や植生、周囲の見通しなども読み取ることができるのだ。ネットは広大だ。

ここまで読み取って良さげな林道をピックアップしたら、森下さんに連絡して植生分布図で樹種を調べてもらう。植林ばっかりとか、落葉広葉樹ばっかりならＯＫだ。中途半端にモザイク状に混じっている場所は、今回の比較には適さないのでパス。道が何本もある場合や網目状になっている場合は、植生やルートの長さを考えて、どこを通ればいいか決める。

そして、大手町《おおてまち》の丸善《まるぜん》か、有楽町《ゆうらくちょう》の三省堂《さんせいどう》書店に地形図を買いに行く。このときほど東京駅前に職場があって助かったと思ったことはない。２万５０００分の１の地形図がとても便利だが、その地域全体の様子を見たいときには５万分の１も併用することがある。登山用のエリアマップも便利だ（ただし、エリアマップは登山道と林道の区別がつきにくい）。あと、一冊あると便利なのが『ツーリングマップル』である。ライダー用なので、バイクで通れる道を重視して作ってあり、林道も詳しく描かれている。さらに飲食店や道の駅の情報が充実しているのもありがたい。

マップが手に入ったらルート設定を行う。地形図の必要な箇所をコピーし、センサスルートを赤ペンでマークして見やすくする。地形図は細かい地形情報を網羅しているし、周辺の山の様子もよくわかって非常に良いのだが、道路地図ではないので、記入された道路が等高線に紛れてしまって見づらいのだ。ルートを決定したら、調査を開始する最初の定点をエイヤと決める。人家から離れていそうで、かつわかりやすい特徴のある、要するに私のゴーストが「そうしろ」とささやいた場所が起点だ。ここに印を打ったら、物差しかコンパスで4センチ先（つまり実距離で1キロメートルだ）に2つ目の定点を決める。これを繰り返して、「ここまで来たらもう人家に近すぎるな」というポイントまで続ける。地形図から見て明らかにプレイバックした音声が届かない、深い谷底などが定点に当たりそうだったら、定点全体をずらして調整する。大きな沢があって水音が邪魔になりそうな場所も要注意だ。

さあ、これで定点が決まった。原図をコピーし、クリップボードに挟み、そのほかのマップや地域情報（蕎麦屋の情報なども入っていたりする）をまとめ、双眼鏡とスコープと三脚とGPSとカメラを用意し、天気と気候に合わせた服を着込み、装備をザックに詰め、ノートと方位磁石をポケットに突っ込み、トレッキングシューズを履いて出発だ。

結局、この調査は京都北山《きたやま》を皮切りに、天竜川《てんりゅうがわ》上流、本栖湖《もとすこ》、軽井沢《かるいざわ》、神流湖《かんなこ》、秋川《あきかわ》渓谷、御《み》荷鉾《かほ》スーパー林道、地蔵《じぞう》峠、日光《にっこう》、川俣《かわまた》温泉などを巡った。いわば全国一周カラス行脚《あんぎゃ》だが、もちろん、『釣りキチ三平』の魚紳《ぎょしん》さんみたいに好き勝手に渡り歩くわけではなく、普段は普通に仕事をして、週末や連休を利用しての弾丸調査である。ドライバー役の森下さんの負担は大変だったと思う。私は原付免許だけ、ほかの調査用に2009年に取ったのだが、運転してみてわかったことがあった。前からうすうす感じていたが、私は乗り物に乗ると即効で眠くなる体質である。信じられないだろうが、自転車を漕《こ》ぎながらでも、林道を走る軽トラの荷台ででも、寝る。バイクならまだしも、四輪だと確実に他人を巻き込むから、おそらく運転すべきではない。

さて、林道に入ったら定点マップを取り出し、カーナビとGPSとマップと風景を見比べて「最初の定点はこのあたり、か、なー」と当たりをつけ、「そろそろ定点ですー、あと100メートルくらい」などと声をかけ、路肩の広いところなり、待避スペースなりを探す。いい場所が決まったらナビに地点を入力し、次の定点へ向かう。こうしてすべての定点を決めて、やっと調査開始である。定点を決めると同時に調査を行わないのは、万が一、定点の設定が間違っていた場合や、走ってみて「やっぱりこっちのほうが良くない？」という場所を見つける場合があるからだ。場当たり的に定点を変えながら集めたデータをごちゃ混ぜにするのはよろしくない。路面や周囲の状況を確認するという意味でも、一度はルートを流しておくほうがいい。

それからやっと、プレイバック法を用いた本調査が始まる。

調査中にはまあ、実にいろんなことがあった。天竜川ではヤギに出会い、日光ではバスに乗り遅れて中禅寺湖《ちゅうぜんじこ》を徒歩で4分の3周し、川俣温泉では大雨に降られて温泉に逃げ込んだ。予備調査で千葉に行ったときは「イノシシによる落石に注意」という信じがたい看板を見かけた。秋川渓谷では迷い込んだ小道の奥で猫軍団に出くわした。

群馬県の林道を上がっていったら道の上に巨大な落石があって通れそうにない、ということもあった。だが、ついさっき3台のジムニーとすれ違ったぞ？　ということは、彼らはこの落石の横を抜けてきたのでは？　メジャーを出して道幅を計ってみると、なんとか通れると出た。ただし、左側を渓流が流れているうえに護岸なので踏み外すとタイヤが落ちる。このときばかりは慎重に誘導して通過した。もっとも、まさに岩の横にさしかかったところで「止まって！」と叫び、森下さんが慌てて車を止めたところで臨場感溢《あふ》れる現場写真を撮影したのは悪かったと思う。

野外調査の結果

さて、こうして得られた結果を解析した結果、いくつかのことがはっきりした。まず、我々が調査した場所は、植林ばっかりの所と、落葉広葉樹を主体とする所に大別できた。これは調査地選定の段階でそう狙ったわけだが、クラスター分析の結果でも、植生を2群に大別するのが妥当と出たのだ。よし、狙い通りだ。

次に「植林主体の調査地」のほうがカラスの密度が高いのか？　を検定すると、判別分析の結果、判別率が100パーセントと出た。これは、植林の多さとカラスの多さがバッチリ対応していることを意味する。有意水準（結果の確かさを示す数字。小さいほど「偶然ではない」ことになる）は余裕で5パーセント未満。つまり、ハシブトガラスは本当に、植林の多い場所にいるのだ。

また、屋久島での調査結果から、落葉広葉樹主体の海岸部と、スギ主体の上部域でペア間の距離には有意差がないことがわかった。これは「差が検出できない」であって「同じである」とは意味が違うのだが、「常緑樹どうしで比べた場合、広葉樹のほうが（あるいは針葉樹のほうが）他方よりも好きだ」という仮説は支持されない、ということだ。おそらく、彼らにとっては常緑であることが重要で、それが広葉樹であるか針葉樹であるかは、二の次なのではないか。これは、これまでに調査されたハシブトガラスの営巣木《えいそうぼく》の傾向、つまりアカマツ、スギ、ヒマラヤスギ、クスノキ、シイなど針葉、広葉を問わず常緑樹を好む、という結果と矛盾しない。

言葉にすれば一言。だが、この一言に科学的な根拠を与えるために、何年も調査を続けたのである。

科学的な発見のゴールは、論文を投稿して掲載されることだ。科学には研究分野によってさまざまな専門誌や学会誌があり、いつでも論文を受け付けている。鳥類学に限っても、日本鳥学会は「日本鳥学会誌」と「Japan Journal of Ornithology」という学会誌を出しているし、山階《やましな》鳥類研究所が発行している「山階鳥類学雑誌」もある。日本野鳥の会やバードリサーチもジャーナル（論文を載せる専門誌）を出している。世界最高峰はイギリス鳥学会が発行している「Ibis」だ。こういう専門誌は論文だけを掲載した冊子で、研究者は常にこういうジャーナルを通して自分の研究を公表し、同時に、今ホットな話題は何か、新たな研究結果はどういうものか、自分の研究の参考になる話題はないか、新たな面白いネタはないか、と目を光らせているわけだ。一例を挙げれば、２０１９年発行の「日本鳥学会誌」68巻1号には次のような論文が掲載されている。

「鳥類による人工構造物への営巣：日本における事例とその展望」（三上修）

「奄美《あまみ》大島《おおしま》におけるリュウキュウコノハズク *Otus elegans* の繁殖成功の空間パターンと森林景観要因」（井上遠・松本麻依・吉田丈人・鷲谷いづみ）

「クロアシアホウドリにおける加速度と画像を使った着水・採食行動の検出と精度判定」(塚本祥太・西沢文吾・佐藤文男・富田直樹・綿貫豊)

「ハシボソガラス *Corvus corone* によるクルミ割り行動：函館《はこだて》市における車を利用したクルミ割り行動」(荒奏美・三上かつら・三上修)

「青森県十三湖《じゅうさんこ》における風力発電施設建設前のガン・ハクチョウ類の春の渡り状況」(柏木敦士・笠原里恵・高橋雅雄・東信行)

「ハシブトガラスの貯食行動における貯食場所の選好性」(水野歩・丸山温・相馬雅代)

こういった雑誌に原稿を投稿すると、まずエディター(編集者)がこれをチェックし、分野違いではないか、最低限のクオリティがあるか、投稿規定を守っているか、を確かめる。掲載を考えてもいいな、となったら、今度は2人ないし3人の査読者《さどくしゃ》に原稿を査読してもらう。査読者は、論文の著者以外の、その分野の専門家だ。この人たちが原稿を読み、問題設定は正しいか、これまでの知見や議論をちゃんと踏まえているか、調査方法は妥当か、結果が明らかに異常ではないか、解析方法が納得できるものか、考察は理にかなっているか、といった点をチェックする。この「査読があるかどうか」が、一般の文章と論文を分ける大きなポイントの一つだ。たとえ専門書であっても、査読を経ていない文章は好き勝手なことが書ける。専門のジャーナルは査読を行うことで第三者のチェックを入れ、客観性を担保しようと努力しているわけだ。

ちなみにどこかの段階で「掲載不可」となることをリジェクトといい、これを食らうと研究者は大いに落ち込む。もちろん私も経験はあるが、多くを語りたくない。思い出すだけでも心のどこかをガリガリ削られそうだからである。

査読者は微に入り細を穿《うが》つように、重箱の隅をつつくように、姑《しゅうとめ》が窓の桟《さん》を指でぬぐって埃《ほこり》を確かめるように、丁寧にネチネチとツッコミを入れてくる。これに「そういう意味ではないですが書き方悪かったですね、すいません直します」「おっしゃる通りです、直します」「すいません、解析やり直します」などと対応し、再び査読を経て「これでよろしい」となれば掲載である。実際には査読者同士（に加え、どうかすると編集者も）の意見が一致せず、こっちを直すともう一人から文句をつけられ、などということもある。だが、ここでブチ切れたら論文は出ない。大学院の先輩はこういう名言を残した。

「論文を出すのに世の中のすべての人間を言い負かす必要はないんだ。世界のたった二人だけを言いくるめれば済むって思えばいいんだよ」

かくして、私の筆が遅々として進まないせいで森下さんに怒られたりしながら、ようやく我々の論文が掲載されたのは、２０１８年のことだった。

森下英美子・松原始（２０１８）「山地の森林におけるハシブトガラスの生息密度と環境選好」（「日本鳥学会誌」67（1）：87－99）。

初めて山の中のハシブトガラスを間近に見てから20年、調査してみようと思ってから13年、きちんと調査を始めてから10年。この研究は13ページの論文として、やっと一つの結論を見た。

だが、これで終わりではない。論文は出たが、まだまだわからないことはたくさんある。我々は山のカラスの分布を営巣環境との関連ではないかと考察したが、では営巣木は本当に植林なのか？　餌条件はどうなのか？　市街地ではイチョウやケヤキにだって営巣するじゃないか？　詰めるべき疑問はいろいろある。これに対する研究を今やっているところだが、今後、解釈がひっくり返って、ここに延々と書いてきたことが全部紙くずになることだってありうる。

それはまるで、旅に出て間違った道を延々と歩いてしまったようなものだ。間違っているとわかったら、それまでの努力はパァだ。

おまけに、研究によって得られた結論が正しいかどうかは、実は永遠にわからない。我々は神ではないから、真理を知ることができない。どんなに正しいと思えても、それは「将来の研究によってひっくり返るかもしれない結論」でしかない。ただし、否定されるまでは科学的事実や正しい仮説として支持され、それを土台として科学は前に進む。それが科学の作法だからだ。

研究とはそういうものである。

世界遺産屋久島山頂域へ

嵐を呼ぶ男

２０１１年、５月。私は屋久島山頂域での調査に向かっていた。

今回の調査はかっちり計画が組んである。調査目的は標高１０００メートルから１９３６メートルの最高峰までのカラスの分布を調査すること。そのため、標高１０５０メートルの大川《おおこ》林道終点から下見しつつ、標高１５５０メートルの鹿之《しかの》沢《さわ》小屋へ向かい、小屋に宿泊。山頂域で定点調査を行う。入山に１日、下山に１日、調査に３日とってある。屋久島までの移動を含めると１週間かかる調査旅行だ。カラスを「見に行く」だけなら特に計画はいらないが、調査目的と調査項目が決まっている場合、きちんと計画を組んでこなさないと研究にならない。

調査日は３日とってあるが、１日は天気が悪くて停滞する可能性を考えた予備日だ。山頂で２日間調査を行ってもいいし、１日でバッチリ結果が出たら、永田《ながた》歩道方面に定点を増やしてもいい。もしすべてが完璧に進めば、山頂で１日、永田歩道で１日、歩道と林道終点の間で１日やってもいい。調査方法は定点調査とプレイバックの組み合わせ。これでカラスの所在をつかみ、屋久島のほかの高度域、および本州での調査結果と比較するのだ。

調査中は山小屋泊まりで、屋久島の小屋はすべて無人小屋だから、ほぼキャンプと同等の装備がいる。テントがいらないだけだ。だが、万が一、悪天候で山小屋に避難者が押しかけて満員になる場合も考慮し、テントも持っていくことにした（屋久島では山中でのキャンプは禁止されているが、非常事態に備えておいて損はない。学生時代に淀川《よどごう》小屋が満杯になるのを見ているし）。

何よりも気がかりなのは、台風が接近していることだ。

東京から鹿児島へ飛ぶ飛行機の中で、鹿児島での学会に向かう同僚に出会った。

「あれ？　松原さん？」

「あ、この飛行機でしたか」

「松原さん……台風来てますね（笑）」

「それは私のせいじゃありません！」

職場では「松原がいると搬入作業の日が悪天候になる」などと噂を立てられ、「嵐を呼ぶ男」とまで言われたこともあるが、何をおっしゃいますやら。

鹿児島から飛行機で屋久島まで飛び、大学以来の友人のクボのところに泊めてもらった。そして今、私は屋久島空港で森下さんの到着を待っている。森下さんは沖縄で環境教育学会に出席し、そのまま屋久島に来る。

だが、天候は最悪だった。台風がどんどん接近している。飛行機は飛ぶようだが、これで登山はあまりに危険だ。

やってきた森下さんと落ち合い、空港前でレンタカーを借りて、近くのカフェで作戦会議を開くことにした。空は急激に暗くなり、不規則に強風が吹き始めている。嵐の前兆だ。

　座るなり、彼女が切り出した。

「で、どうします？」

「明日登るのはナシですね。死にます」

「そりゃ絶対無理でしょ。で、どうします？」

「台風が早いとこ抜けてくれれば、なんとか登ることはできるけど。日程がかなりタイトなんでアクシデントがあったら怖い」

　森下さんは日程表をにらんだ。

「1日予備日ありますよね。今日はもうなんにもできないし、明日も明後日もたぶん天気悪いけど、次は抜けるかもしれませんよね。ダッシュで行って、1日でいいから上で調査して下りてきたら？」

　つまり、本来予備日だった1日だけを調査日にしてしまうのだ。私はヤクシマザル（通称ヤクザル）を調査していたときの記憶から、道の状況と所要時間、起こりうるトラブルを想定し、頭の中で実行可能性を計算した。天候に恵まれれば、朝出て午後2時か3時くらいには山小屋に着ける。その後で天候が崩れる場合、翌日はすぐ下山するとして、大川林道終点まで戻るのに3時間か4時間。林道の通行が危険でゆっくり走ったとしても、下界まで到着はできるだろう。仮に無理でも、小屋泊まりか車中泊して翌日下りれば、下山予定の通りだ。万が一、林道で崖崩れなどがあった場合は？　車を置いて脱出して、レンタカー屋には平謝りで弁償するしかない。最後のパターンは時間的余裕としては危険だが、まあ、仮にフライトに間に合わなくても死にはしない。勤務に影響するが。私は行程の見込みを説明した。

「かなりリスキーですけど、天候に恵まれたら、いけるかもしれない」

「じゃあそうしましょう」

「ただし、天気の崩れが続くようだったら予定変更、下の方でやりましょう。登っても何もできないどころか、登るだけで危険です。林道が無事かどうかもわかんないですし」

「ですね」

屋久島の神は我々に味方した。台風はあっという間に駆け抜け、2日目には天候が回復したのだ。その後も天気は安定しそうだ。西部《せいぶ》林道の様子を見に行くと、風に吹き落とされた枝葉が道路に溜《た》まっているが、大きな破損はないようだった。翌日、私たちは1日だけの調査のため、山に向かった。

20キロのザックは重い

そして、屋久島西部の大川林道終点、標高1050メートルにやってきた。

森下さんはレンタカーのワゴンRを奥まで寄せて止めた。ここからは徒歩で、山を登る。出発前に大きめの石をタイヤにかませておこう。下山してきたら車が谷底だった、なんて事態は避けたい。

大川林道は途中から一般車進入禁止となっていて、あまり車が通るところではない。だが、補修されたのか、記憶にあるよりも路面状況はマシだった。台風で荒れているところもほとんどなかった。

学生のころ、ヤクザル調査で何度となく上り下りしたこの林道だが、腹をぶつけずに走れたのはパジェロとデリカとジムニーだけだった。最低地上高200ミリが本当に必要な場所である。荒れ放題だったらワゴンRなんて絶対に上がってこられなかった。ただし、こいつは意外なほど腹の下に出っ張りがなく、林道でもあまりぶつけない、極めて実用的な車だったことは申し添えておく。なにより、森下さんが慎重に、凹凸があれば必ず斜めに進入して一輪ずつ「よっこいせ」と乗り越え、ぶつけないようにしたおかげでもある。

登山靴の紐を結び直す。靴はキャラバンの軽いモデルだがゴアテックスで完全防水だし、軽装で足音を殺して歩きたいときには使い勝手がいい。それに、硬すぎるソールよりも林床《りんしょう》や水辺で滑りにくいから、生物調査にはうってつけだ。仕上げに迷彩のバンダナを出して細く折り畳み、額に巻いてギュッと結ぶ。20年以上やっている、山に入るときの儀式みたいなものだ。

荷物を収めた70リッター級の大型ザックを車から引っ張り出した。街で見かけるデイパックなら20リッター前後、ちょっとしたハイキングでも35リッターもあれば足りるが、着替え、寝袋、食料、調査道具などを満載して何日も山に籠るとなると、少なくとも60リッターは欲しい。長年使っているこのザックは、学生時代に屋久島でニホンザルを調査するために買ったものだ。限度いっぱいまで詰め込んで背負うと、ザックのてっぺんが頭より高くなったこともあった。今回は満載にはほど遠い。

ジッパーが閉まっていること、水を持ったことを確認してから、ザック側面と雨蓋《あまぶた》のストラップを締め上げる。これで荷物がバタつくことはない。

ザックのショルダーストラップを摑《つか》み、腰を落として持ち上げると、一度右膝の上にのせて重さを預ける。20キロくらいか。よし、この重さなら大丈夫だ。ストラップに右肩を入れ、背中に跳ね上げて左肩も通し、ザックを担ぐと、ズン！　と重さが両肩にかかった。分厚いパッドのついたヒップベルトを腰に回して引っぱり、バチンとバックルを留めてから、さらに締め込む。これでザックが体に密着して尻に重みがのり、肩の荷重が減った。ショルダーストラップの余りを両手でキュッと引き、長さを調整しておく。肩の後ろあたりを探り、ロードクリアランスベルトをギュッと引き締める。これでザックが背中にピタリと密着し、そのぶん、腰にのっていた重さが減って、再び肩に重量がかかった。逆にゆるめるとザックが後ろに倒れる形になり、荷重が腰にのるので肩が軽くなる。だが今回の行程では、たとえ肩で担ぐことになっても、荷物が背中に密着してくれないと困る。ザックが揺れてバランスを崩したら危険だ。

森下さんも身支度を整えたのを確かめ、トントンと地面を蹴って、荷物を担いで荷重が増えた状態でも靴紐がちゃんと締め上げられているのを確認した。そして、「じゃ、行きますか」と声をかけて、道とも呼べないような踏み分け道に足を踏み入れた。

踏み入れるなり、後悔しかけた。足が重い。山道では一歩ごとに足を大きく上げなくてはいけないが、今、足にかかる荷重は急に20キログラムも増えているのだ。ストラップが肩に食い込む。俺、山小屋までもつかな。昔はこのザックを気負いなく担いでいた。このルートも、30キロくらい担いで、しかも真冬の雪の中を何度も歩いていたのに。やはり10年以上のブランクは大きい。

ヤクザル調査隊で何度も歩いたルートを、途中でカラスを探しつつ登山道まで尾根筋を辿り、そこから永田歩道を歩いて鹿之沢小屋を目指すのが、今回の計画だ。前半は正規の登山道ではないので本来なら通っていいところではないが、調査のために申請して許可をもらってある。

細い谷に沿ったルートを登る。濡れた岩というのは想像以上に滑るので要注意だ。もっと危ないのが、濡れた倒木である。登山靴の刻みの深い靴底は、土に食い込ませたり、デコボコの岩に引っかけたりするには良いが、食い込みも引っかかりもしない面には弱い。

そこから乾いた尾根の上に上がり、樹木の密生したゆるやかなコブを二つほど越えて細い鞍部《あんぶ》に出る。そうそう、昔、この辺でテントを張ったことがあった。この大きな倒木も覚えている。ここが桃尾根ルートと分水尾根ルートの分岐点だ。我々は分水尾根を上がる。なお、どちらもサルの調査中につけたアダ名なので、正式な地名ではない。

ここからが急な登りだ。ジグザグに急斜面を登り、ちょっと平らになったかと思うと、ほんの数メートル先に壁のような傾斜が待っている。もちろん、階段だのガイドロープだのといったものはない。立木を握り、岩を掴んで、一歩ずつ登る。

おっと。確かそろそろ。私は地図を取り出し、地形と照らし合わせた。この尾根を登ってきて、ここで平坦になって、こう曲がって、急に傾斜がきつくなって、50メートルくらい。

「森下さーん、定点です」

「はいー。どこですかー？」

「ここ。ちょっと傾斜きついですけど」

休憩がてら荷物を放り出して、周囲の様子を確かめる。いい天気とは言えないが、霧に巻かれているわけでもないので、カラスがいれば来るだろう。残念ながら森の中なので視界は悪い。音声が頼りだ。

森下さんがザックからスピーカーを出してカアカアと音声を流し、しばらく待つ。数分すると

「カア！　カア！　カア！」とハシブトガラスが鳴き返してきた。音声が近づいてきているが、林内からでは姿が見えない。だが、いるのは確かだ。ノートと地図に記録する。

　休憩を終え、ザックを担いでまた登っては、定点で立ち止まる。そうやって急斜面を登り続け、やっと少しマシになった、と思っていると、唐突に登山道に出くわした。これが永田歩道、永田集落から永田岳まで続く、長い道である。ここまで2時間。定点で立ち止まってはプレイバック調査を繰り返しているので、頑張って歩いたわりにペースは遅い。

　登山道には出たが、歩きやすいとは限らない。人が通るたびに地面はえぐれ、そこを水が流れてさらに削り取る。その結果、急傾斜の箇所は階段のようになっていることも多い。しかも、そのサイズは人間の大きさとは関係なく、土や水の都合で決まる。段差が1メートル以上あることも、珍しくはないのだ。ザックを背負ったまま、突き出した木の根に足をかけてよじ登らなければならない。

　永田歩道は尾根を左右に縫うようにのびている。一瞬、谷の中に道が消えたように見えたが、よく見るとボロボロになったビニール紐が枝から下がって揺れている。「ここが道ですよ」というサインだ。

　下ったところに小さな沢があった。珍しく少し平たい地形で、花崗岩《かこうがん》が削れた白い砂が溜まっている。休憩によさそうだな、と思いながら振り向くと、森下さんが声をかけてきた。

「ちょっと休憩していい？」

「あ、すみません。休みましょう休みましょう」

　しまった、つい調子にのって歩いてしまったが、この辺まではかなりきつい道だった。粗い砂の溜まった水辺に座り込み、水を汲《く》んで一息つく。

再び山道を辿る。アップダウンの少ない稜線を進むと、ヒョイと広い場所に出た。大きなスギの倒木、道端にヤマグルマの巨木、左手の上の方には大きな岩。桃平《ももだいら》と呼ばれる場所だ。20年ほど前の真冬に、このあたりで岩に座ってサルを探していたことがある。ここでもカアカア言ってみたが、反応なし。先へ進む。

川を渡ってからまた稜線にえいやっと上がり、崖の途中の細い岩棚を慎重に進む。ここは冬に通ったら氷が張りついていて肝を冷やしたところだ。やがて、ヒカゲノカズラが生えた乾いた道に出る。頭上には高い木がなく、庭園を歩いているようだ。この高度まで来ると植生も少し変わって、シャクナゲが多くなる。下の方の鬱蒼《うっそう》とした照葉樹林とはかなり印象が違う。

この先に、このルートで一番美しい景色がある。明るい道をトントンと下りると、そこは設計された庭園のような水辺だった。岩盤の上を浅い水が静かに流れ、苔《こけ》むした丸い岩がそこここに突き出している。ヤクザル調査隊では「日本庭園」と呼んでいた。

川辺の岩の上で休憩し、浅い水を渡って対岸へ。ここからまた、スギとシャクナゲとヒメシャラの森の中に入る。時にはササ、正しくはヤクシマダケも混じる。森林限界を越えればこのヤクシマダケと、矮性化《わいせいか》したシャクナゲの世界だ。つまり、それに近い標高になってきたということだ。上がったと思ったら下りて水たまりを踏み越え、また急な段差を上がる。これを何度も繰り返しているうちに、突如として道端にトイレが出現した。これが鹿之沢小屋のトイレだ（今は携帯トイレの使用が義務付けられている）。ここから50メートルほど歩き、右手に広がる岩場を下って沢を渡る。その先は木道《もくどう》だ。木道をちょっと歩いて左に曲がって森を抜け……着いた！　鹿之沢小屋だ！　石を積んだ頑丈な四角い小屋と、その前のちょっとした広場。広場から登山道をまっすぐ進めば永田岳を経て宮之浦岳《みやのうらだけ》へ。小屋の脇を右へ回り込むと、水場を渡って花山《はなやま》歩道だ。こちらは一直線に山を下り、我々が車で上がってきた大川林道につながる。

「着きましたよー！」

後ろの森下さんに声をかけ、ザックを地面に放り出す。作業ベストも脱いでザックにかける。じきに寒くなるにしても、今は汗がひくまで風に当たりたい。木道に座り、靴を脱ぎ捨て、足を解放する。

周囲を見渡すが、カラスは見えない。うーむ。山小屋のように人が出入りするところは、カラスが餌をチェックしに来てもおかしくないのだが。カラスはいないのだろうか。

無人の山小屋に入り、ザックを上段の寝棚に押し上げる。床は分厚い板張り。頭上には太い梁《はり》が通っている。

昔、何度も来たときのままだ。ただし、自分のほうはちょっと違うところがある。当然だが、年をとった。青春18きっぷとフェリーではなく、飛行機で屋久島に入った。安物の銀マットに代えてエアマットを持ってきたし、食事も高価だが軽いフリーズドライだ。大人になるとはこういうことだ。生業《なりわい》に追われる、なまった体のために、時間と快適さを金で買う。それを成長したと見るか、それとも堕落したと見るか。

ともあれ、夕食には少し時間がある。まずはお茶をいれよう。それから、ちょこっと下見に行ってみよう。

そうだ、屋久島があるじゃないか

今回の調査はさまざまな意味合いがある。一つは、人のいない山岳森林や高山帯で、カラスの分布はどうなっているのだ？　という疑問。そして、落葉広葉樹が存在しない場所で、カラスの分布はどうなるのか？　ということだ。

本州での調査によって、カラスが広葉樹よりも針葉樹を選ぶことはわかった。だが、ここで言う広葉樹とは、落葉広葉樹である。一方、針葉樹とはスギ・ヒノキの植林、すなわち常緑針葉樹だ。つまり、落葉／常緑、広葉／針葉という二つの変数がある。カラスが気にしているのは、どっちだ？　いや、厳密に言うとこの辺の解析や解釈はいろんな調査の結果を突き合わせて導いたものなので、時系列的にはこの調査のときは明確に筋道が見えていたわけではない。だが、最終的に考えれば、研究の中での位置付けとしてはそういうことになる。

都市部で観察したハシブトガラスは、シイ、クス、マツ、スギなどに多く営巣していた。広葉樹も針葉樹もあるが、どれも常緑樹である。落葉樹であるイチョウやメタセコイアに営巣する例もあるのだが、そういうときは、葉が展開し始めてから営巣する例が極めて多い。つまり、ハシブトガラスは「葉の茂った木」を営巣木として必要としているだけで、針葉樹か広葉樹かはあまり気にしていないようにも思える。とはいえ、これは単なる「個人的な読み」にすぎない。明確な証拠はない。

これを調べるにはどうしたらいいか？　問題は変数が二つあることだった。じゃあ、一つにすればいい。そんな場所があるか？　ある。それが私のよく知っているところ、屋久島だ。

屋久島は海岸から標高６００メートルあたりまで、常緑広葉樹（いわゆる照葉樹）が卓越する。

そこから上、気温が下がってくると、落葉広葉樹ではなく、いきなりスギ林になる。標高が上がると次第に平均気温が下がり、標高1000メートルあたりは落葉広葉樹が優占《ゆうせん》してもよさそうな気候なのだが、そうではないのだ。ハリギリやヒメシャラのような落葉広葉樹はあるのだが、「一面にハリギリやヒメシャラが茂った林」にはならない。あくまで、シイ・カシ類の常緑樹に混じって生えている程度である。

屋久島に落葉樹が少ない理由は明らかではない。氷河期に動植物の分布が大きく変わった際にも、屋久島には落葉樹があまり入らなかっただけかもしれない。一方、気候の違いが影響する可能性もある。

落葉樹が落葉するのは気候の厳しい時期をやり過ごすため、葉さえも落として省エネモードになって休眠するからだ。落葉するということは、毎年新しく葉を作る必要があるのだが、冬の間も葉をつけておくともっと損なのだ。

しかし、屋久島の中高度域の気温は本州中部あたりと同等で、落葉樹があってもまったく不思議ではない。だが、屋久島は雨量がケタ外れに多い。東京の年間降水量は1500ミリほどだが、屋久島は海岸部でも多ければ2000ミリ、山頂なら8000ミリ以上に達する。

葉は光合成に不可欠な器官だが、同時に水蒸気を蒸散《じょうさん》させる部分でもあり、逆に言えば「植物の体から水を奪い去る窓口」でもある。カラッカラに乾燥する時期がないなら、常緑樹もそれほど困らないのだろう。

というわけで、この島なら常緑広葉樹林と常緑針葉樹林の二択、という状況ができる。もしこの二つの森林でカラスの分布に差があれば、広葉樹と針葉樹でカラスの好みが違う、と言えるだろう。差がない場合は「だから同じだ」とは言えないのだが、「常緑でありさえすればいいのではないか」と示唆することはできる。

大きな標高差のある範囲を調べることになるので、標高に応じてカラスの分布に変化があるとちょっと困るが、本州で調査した限り、標高が３００メートルだろうが１０００メートルだろうが、いるときはいるし、いなければいない。それに主要因分析の結果、標高は関係ないという結果が出ている。もちろんこれも「いやそんな２０００メートルも標高差があるようなら話は別ですよ」となったらまずいのだが、まあやってみよう。

さらに言えば、屋久島は離島なので遺伝的に本州のハシブトガラスとは少し違うかもしれないとか、そういった問題だってなくはない。だがしかし、だ。それを言いだしたら「遺伝的に均一な個体群が、まったく同じ環境で、植生だけが違うところにいる」という夢のような調査地がなければ、何も言えなくなってしまう。そんな都合のいい場所なんかあるわけない。だったら、研究のとっかかりは屋久島でいいじゃん。

そういうわけで、私たちは、この島の20キロにわたって人間の住まない場所で、海岸から山頂まで、標高と植生が変化する中に生活するカラスを、追いかけていたのである。

小屋から15分ほどのところまで上がって周囲を偵察した後、鹿之沢小屋に戻った。単独行らしい人が少し離れて黙々と食事の支度中。「山ではちゃんと挨拶しましょう」と言うが、一人になりに来る人もいるのだ。むやみに話しかけてもお邪魔だろう。「こんにちは」だけで済ませる。

登山道から話し声が聞こえ、「はい、着きましたよー」と言いながら手慣れた感じの登山者が下りてきた。「やっと着いたわぁ」と口々に話しながら、年配の女性三人が続く。どうやらガイド付きの登山のようだ。最近はガイド付きが増えたと聞く。確かに、そのほうが危険も少ないし、途中でいろんな説明を聞くことができれば何倍も楽しい、ということもあるだろう。ガイドさんは使い込んだメレルのトレッキングシューズを履き、痩せているが頑健そうな人だ。ベテランの山屋にはこういう感じの人がよくいる。

我々は小屋の前に座ってアルファ米のパックに熱湯を注ぎ、パックの口を閉じて待った。アルファ米を戻すには熱湯でも15分かかる。今回は一工夫して、行動食用のレーズンとナッツ、そしてビーフジャーキーを刻んだものを混ぜ込んでおいた。お湯を吸って多少軟らかくなり、洋風炊き込みご飯的なものになってくれるだろう。

カラスの声はどこまで届く?

翌朝。

双眼鏡と望遠鏡と三脚とデータシートと地図とクリップボードとノート、防寒具、雨具、昼飯、非常装備。あれやこれやをデイパックに詰め込み、山頂を目指す。気温は低い。5月とはいえ、標高1500メートルを超える山頂域は海岸より10度近く寒いはずだ。Tシャツの上に薄手の化繊のセーターを着て、20年近く前、冬の屋久島調査用に買った、英陸軍払い下げのウールシャツを着込む。

鹿之沢小屋より高いところだと、ほぼ森林はなくなる。矮性化したシャクナゲと、ところどころに白骨林《はっこつりん》と呼ばれる白く枯れたスギが生えるばかりだ。よく見ると枯れたスギの一枝だけが生きていたりする。ただ、斜面の方向や傾斜の具合によっては、もう少し高いところまで森林が成立するようだ。本来なら、こんなところにハシブトガラスはいそうにない。だが、見通しのきく山稜《さんりょう》からは、カラスが見つけやすいに違いない。

いつだったか足を滑らせて落ちそうになった（というか、落ちたがササにしがみついて助かった）急斜面を過ぎ、岩場を渡って、最後の角を曲がると、そこが永田岳山頂だった。道の脇にある大きな岩を登ったところが、本当の山頂だ。岩の裏側には小さな祠《ほこら》がある。ここが私の定点である。

「じゃ、行ってきまーす」

森下さんがこちらに手を振り、ササの中の登山道をさらに先へと辿っていった。彼女はさらに稜線を辿り、焼野《やけの》三叉路《さんさろ》を経て、屋久島最高峰の宮之浦岳に向かう予定だ。私は一度、宮之浦岳に行ったことがあるが、森下さんは初めてなので、どうせならそっちがいい、ということになった。直線距離で１・５キロ先だが、道のりは結構険しい。なんだかんだで1時間くらいかかるだろう。

森下さんの背中を見送ってから岩の上によじ登り、山のてっぺんにデンとあぐらをかいて座る。デイパックを下ろし、クリップボードに地図とデータシートを挟んで、日付や開始時刻などのデータを記入し、風に吹き飛ばされないよう、またデイパックに突っ込んでおく。

今日はまさに台風一過の晴天。屋久島の山頂部がこんなに晴れ渡るのは珍しい。目をこらすと、はるか北の水平線に三角形の山が見える。薩摩《さつま》半島の先端にそびえる開聞岳《かいもんだけ》だ。

周囲を見渡せば太平洋が広がっているのが見える。つまり、フェリーからも屋久島の全体が見える状態、ということだ。こんなのはめったにない。もう15回くらい屋久島に来ているが、フェリーから山頂が見えたのは2回だけである。私か森下さんの心がけがよほど良かったに違いない。

携帯を出したらアンテナが立っていたので、鹿児島で学会に出ているはずの同僚に「屋久島は快晴です。嵐を呼ぶ男は返上です」とメールを打っておいた。

はるか遠くから、「カア」という声が風に乗って聞こえてきた。左後方、低いところ、かなり遠い。500メートル……いや、この静かで見通しのいい環境なら、もっと離れている。1キロメートル以上あるかもしれない。

音声から方角を割り出し、岩の上で座ったまま体の向きを変えた。北西側の大きな谷の向こう、障子岳《しょうじだけ》のあたりだ。その中腹ということは、あの大断崖《だんがい》のどこかじゃないか！

双眼鏡で舐《な》め回すように見たが、カラスの姿は見えない。声の方向や大きさがわずかに変化しながら聞こえているので、おそらく飛びながら鳴いていると思うのだが。ひょっとすると、ここからは見えない谷の中にいるのかもしれない。あるいは風のせいで音の方向を読み誤っていて、実は谷間のこちら側にいるのかもしれない。谷底から上がってくる音は、谷のあっち側かこっち側か判断しづらいのだ。

ノートとデータシートに時刻と情報を書き込み、地図に推定位置を描く。

続いて宮之浦岳の右手、遠いところからも声がした。これはわからん。遠すぎる。ノートに記録だけはしたが、詳細は宮之浦岳に行っている森下さんに任せよう。

次の声はしばらく後、焼野三叉路のあたりだった。サルの声も聞こえる。ニホンザルがこの高度まで来るのだ。ヤクザル調査隊は1997年に永田岳山頂でサルを確認している。

かんかん照りの岩の上はどんどん暑くなってきた。シャツの下に着込んでいたセーターを脱ぎ、それでも暑くなってきたのでシャツも脱ぎ、Tシャツとベストだけになる。でも風が冷たいので、ウィンドブレーカー代わりにカッパを羽織れるようにしておく。

宮之浦岳山頂に何か見える、と思って双眼鏡を向けると、それは登山者だった。昼近くになり、登頂している人が増えたのだ。焼野三叉路あたりにも休憩している人が見える。私のいる永田岳山頂にも、登山客が訪れては去っていく。

午後。宮之浦岳山頂からは人影が消えた。登山の鉄則は「早く小屋を出て、早く小屋に到着する」だ。登山者は昼ごろまでに登頂して、白谷雲水峡《しらたにうんすいきょう》か淀川小屋の方に下りてしまったに違いない。

その時、私は「カア、カア、カア、カア」という声を聞いた。近くはないが、「かすかな音声」というほどでもない。方向は宮之浦岳だ。え？　そんなに遠くから？　私のいる永田岳と宮之浦岳との間の空中を飛んでいるということは？

双眼鏡で見回すも、それらしい鳥は飛んでいない。それに、方向があまりにもピンポイントに、宮之浦岳山頂方向だった。三脚にのせたスコープで山頂をじっくりと見る。このスコープは最大で45倍まで倍率を上げられるが、そこまで引っ張ると画質がよくない。30倍くらいにしておき、丁寧に確認する。

山頂のすぐ下、こちらから見て左肩の岩の上に、黒い点が見えた。陽炎《かげろう》がたって揺らいでいるが、カラスに見えなくもない。比較対象がないので大きさがわからないが……。

と、それがヒョイヒョイヒョイ、と見慣れたリズムで、軽く揺れるように動いた。もしや、カラスが鳴いているのか？

何秒か後、揺れたのと同じ回数だけ、「カア、カア、カア、カア、カア」という声が聞こえた。間違いない。タイムラグは、宮之浦岳から永田岳まで音波が届くのに必要な時間というわけだ。空気中の音速は標準状態で秒速340メートル。3秒、いや4秒ほどかかったから、1キロ以上あるか？

地図を取り出し、距離を計って確かめた。宮之浦岳は、私のいたところから1・5キロメートル離れていた。

1・5キロとあっさり書いたが、実際には結構な距離だ。今私が原稿を書いている東京駅前を起点とすると、小川町《おがわまち》、人形町《にんぎょうちょう》、水天宮《すいてんぐう》、築地《つきじ》、新橋《しんばし》あたりが1・5キロ先である。どれも、地下鉄で2駅くらい離れたところだ。

これが、「何も遮るものがなく、雑音もない」という好条件で、ハシブトガラスが鳴いたときの実力だ。ということは、仮に直径3キロに達する縄張りを持っていたとしても、その真ん中で鳴けば、カラスの声は縄張り全体に届くのだ。これまでに調査したハシブトガラスのペア間距離（行動圏の中心同士の距離）は、最も大きいもので3キロ強だった。単なる偶然の符合にすぎないかもしれないが、山のカラスの分布が「だいたい1キロおき、遠ければ2、3キロおき」ってのは、お互いに声が届く距離でもあるということか。

それにしても、なぜあそこにハシブトが。確かにあっちの方で時々、声はしていた。だが、もう少し低いところから聞こえたような。

この時、宮之浦岳にいた森下さんは、主稜線直下で鳴いているカラスに気づいて、カラスに接近するため、栗生岳《くりおだけ》の方へ少し移動していた。この個体が、宮之浦岳山頂まで飛んだやつだと思われる。その時以外は山頂ではなく、もう少し低い樹林帯にとどまっていたようだとのこと。屋久島は標高1500メートルあたりから高い木がなくなってくるが、その斜面だけは気象条件が良いのか、かなり高いところまで樹林があった。屋久島の山頂に樹林が成立しない大きな理由は、たぶん、強い風だ。地形によって風が遮られれば、木が生えることもできるのだろう。

これは興味深い観察である。ヒマラヤでもハシブトガラスが短時間だけ森林限界を越える例があるが、その分布は基本的に森林に依存するとされている。我々が見た、「樹林が高いところまでのびていればそこにハシブトガラスがいて、時々さらに高い山頂まで様子を見に来る」という状況は、ヒマラヤでの観察例とよく一致するように思える。

宮之浦岳山頂までカラスが来たのは、当然、登山客が何か落としていないかを偵察するためだろう。実際、人がいなくなるのを見計らったようにやってきて、低空を旋回した後、飛び去ってしまったからだ。こうしてみると、ハシブトガラスの住んでいる環境は、やはり森林のあるところだと言えそうである。そして、カラスが「出張」してくる場合、しばしば人間の存在が引き金になっているということも。

なんにしても、この日の観察で、屋久島で私たちが確認したハシブトガラスの垂直方向の分布域は「海抜0メートルから最高峰山頂まで」に拡大された。要するに、どこにだってカラスはいたのである。

「金をもらってもお断り」

さて、山の上で出会う登山者には、いろんな人がいる。

一番印象的だったのは、２０１２年か13年だったと思うが、花山歩道を上がってきた３人組だ。彼らは山小屋の前に折りたたみのキャンプチェアを出して、酒を片手にゆったりとくつろいでいた。しかも飲んでいるのは缶ビールだ！

荷物の中で一番重いのは水である。だから水を持ち歩くのは最低限にしたい。登山用のフリーズドライ食品もそこから生まれたものだ。となると、酒を持っていくなら、強い酒を少量持ち、それを現地調達した水で割って飲むのが最軽量である。それを、よりによって、度数が低いにもほどがある、ビールだって？

驚いて見ていると、「もう一本飲もう」と立ち上がった一人が、沢に漬けて冷やしてあったビールを取ってきた。そして「せっかく持ってきたのに、思ったより寒くて楽しめない」とこぼしながら、プシュッと缶を開けた。

唖然《あぜん》として見てしまったが、考えてみたら登山にキャンプチェアというのもすごい話だ。車でキャンプ場に乗り付けるならいざしらず、すべての荷物を担いで歩くのだから、余計な道具を持ってくる余裕などない。この人たち、一体何キロの荷物を担いできたのだろう？

聞いてみたら、予想をはるかに上回る答えが返ってきた。彼らは山小屋の滞在を楽しむために、花山歩道を2往復して酒と肴《さかな》と荷物を担ぎ上げたのだという。ストイックなアルピニズムではなく、踏破した百名山を数えるのでもなく、山を楽しむためだけの登山。だから、別に山頂に行かなくてもいいのだと、リーダー格のヒゲのおじさんが言った。そして、彼らは口々に自分の好きな場所を挙げた。

「永田歩道も途中までは景色がいいから、辻《つじ》の岩屋《いわや》あたりまでなら見てきてもいいかな」

「花山の下の方はつまらん。疲れるだけだ」

「永田岳は行きますよ。あれは絶景だから」

登頂も縦走《じゅうそう》も彼らの眼中にない。気持ちのいい景色の中に身を置くこと、そして山の中でくつろいだひと時を過ごすこと。そのための苦労なら、してもいい。なるほど、そういう登山はうらやましい。大人の休日だ。

自分たちはカラスの調査に来ていると話すと、「なんともそれは……」と面白がられた。笑いながら「なんだったら、やってみます？」と言うと、多少興味を惹《ひ》かれた様子だった。

もちろん、本気で調査を頼みたいわけではない。こういう調査はとにかく地味で退屈なのだ。カラスがいようがいまいが、カラスに注意したままじっとしていなくてはいけない。研究者は仕事だから、なによりも自分が知りたいことだから、それに耐える。学生を連れてきている場合も、「調査とはそういうものなんだから、ちゃんとやりなさい」と指示することはできるだろう。だが、まるで関係ない人にそれは言えない。調査中の安全の問題もある。せいぜい「登ってくる途中でカラス見ました？」と聞いて、参考データにするくらいだ。

だが、花山歩道は調査区域だが、今回は永田岳には行かないと言うと、おじさんはじっとこっちを見て言った。

「ここまで来ていながら、行かない？　金をもらってもお断りですな」

連携プレーで縄張りを探す

さて、植生の変化とカラスの分布の関係を調べる調査は、屋久島の西部林道から大川林道、そして永田歩道と花山歩道を含むエリアでも行った。ただし、こちらでは谷が深くて音声が届きにくいことや、歩道上は徒歩での移動に時間がかかることを考慮して、移動しながらのプレイバックではなく定点観察を行った。もちろん、いくつもある定点を、私と森下さんだけで受け持つのは厳しい。この調査には森下さんの勤め先の、文京学院大学の学生たちも参加してくれた。

定点は道路沿いか登山道だ。ここに学生を座らせておき、「カラスが鳴いたら記録して!」と指示して、あとは任せる。こちらも定点やラインセンサスをしなければならないからだ。一般の鳥の調査と違って、カラスは誰がどう見ても聞いてもカラスなので、カアカア鳴いているやつを間違うことはまずありえない。よって、まったくの未経験者でも調査はできる。

ただ、車で移動しながら偵察していた森下さんは学生のメンタルが折れないよう、時々定点に顔を出して愚痴を聞いてくれていた(これも大事なことだし、この役目は学生を前から知っていて、かつ面倒見のいい森下さんがやってくれて正解だった)。

だが、思わぬことに気づいたこともあった。調査が終わってデータシートを回収し、今日一日の報告を聞いていると、おずおずと「すみません……カラスいませんでした」と言う学生もいる。いや、それは謝ることではない。カラスのいないところが定点だったら、いなくて当然なのだ。「いない」「ない」というデータも大事な情報である。

「いや、それは問題じゃない。君がそこにいて一日カラスを待っててくれて、それでもいなかったんなら『いない』ということで、それを知りたいんだから。それもデータなんだよ」と言うと、「え、そうなんですか！」とパッと明るくなる。そうか、こういう調査をしていれば、「記録がないのもデータのうち」も日常だ。だが結果を出すとは「何かが『ある』」ことだと叩き込まれていれば、「なければ怒られる」と思ってしまうのも無理はない。

彼らは次々とデータを集めてくれた。だが、定点から探れるのは「こっちの方向で鳴いた」という断片的なデータだけだ。そこからカラスの分布を決めるのは、なかなか難しい。だが、時には望外の幸運に見舞われることもあった。

その日、私たちは標高700メートルから800メートルあたりの林道上に展開していた。ヤクザル調査隊が「万里《ばんり》の長城」と呼んでいたあたりを含んでいる。崖っぷちの見通しのいい林道だ。路肩に歯車の歯のようにコンクリートブロックが並んでいて、万里の長城みたいだからである。なお、このブロックのいくつかはグラついており、うっかり座るとブロックごと落ちる危険がある。落ちたら100メートルほど真っ逆さまだ。ヤクザル調査隊の中には、何秒後にどれくらいの速度で叩きつけられるか、嬉しくない計算をしたやつまでいた。悪い冗談にしか思えないだろうが、理系の頭はそんなものだと諦めてほしい（いや、文系／理系という安易な線引きはよくないのだけれど）。

万里の長城とその手前、数キロの範囲にじっと座っていた私たちだが、カラスはなかなか鳴いてくれなかった。その時、思わぬ援軍がやってきたのである。

それは突然飛来した、3羽のハシブトガラスだった。これが3羽の集団であったことは、ちょうど視界のいい場所を車で通りかかっていた森下さんが確認した（これがないと判断に苦しんでいたはずだ）。そして、この3羽の侵入者が飛来したことで、周辺で繁殖していた縄張り持ちのカラスが一挙に反応した。

まず一番低いところの定点の目の前で、カラスのバトルが始まった。その声は私の定点からも聞こえ、次に私の定点の前で騒ぎが始まった。谷底から2羽のハシブトガラスの声が聞こえ、急接近してきたのだ。私のいた場所からは樹木が邪魔で見えなかったが、縄張り持ちのカラスが迎撃に来たに違いない。次の瞬間、林道の上の森林の切れ目をカラスが少なくとも2羽飛び、さらにそれを追って飛ぶ2羽が見えた。追っていった2羽は旋回して戻ってくる。間違いない、これが縄張り保持者だ。縄張りの持ち主が鳴くと、下の方からも鳴き返してくる声がする。目の前に2羽いるということは、ペアのオスメスが呼び合っているわけではなく、鳴き返している3羽目がいるのだ。縄張りが2つあるのは間違いない。

侵入者たちは「万里の長城」の方に向かった。森下さんがバッチリ見て3羽の集団だと確認したのが、この時だ。さらに、その先の定点を担当していた学生は、背後の尾根から2羽のカラスがぶっ飛んできて、3羽のカラスを追い回すのを目撃した。

この、わずか20分ほどの出来事で、一挙に3つの縄張りが確認できたのである。

こうやって調査を進め、標高300メートル程度までの照葉樹林帯、標高1000メートル程度までのヤクスギ帯、その上のヤクスギ〜森林限界という3つのエリアでの、カラスの分布を比較することができた。その結果、カラスの密度には差がないことがわかった。

正確に言えば、これは「差が検出できなかった」であって、「同じである」を意味しない。だが、仮説からすると、「ハシブトガラスにとって、広葉樹と針葉樹が同じものではないならば、営巣密度には差があって然《しか》るべき」なのだ。差が検出できなかったことから、彼らは常緑でありさえすれば針葉樹だろうが広葉樹だろうがおかまいなしではないのか？　という疑いが強くなる。

さらに言えば、エピソード的な観察でしかないけれども、屋久島で発見したハシブトガラスの巣は、スギに作られていた。それも、海岸近くの照葉樹林内の、ほんの数十メートル四方だけがスギ植林になっている、小さなパッチにわざわざ、である。そのスギが特に立派だったとか、そういう理由もなさそうだった。やはり彼らは針葉樹が好きなのではないだろうか？　そして、好きだとしたら、それは営巣のためなのではないか？

疑問は膨れ上がる。だが、私たちは山の中のカラスの巣というものを、満足に見つけていなかった。こういった経験を経て、私たちの調査のテーマは次のステップに移っていった……のだが、その先はあまりに現在進行形で、未確定の情報が多い。今回のお話はここまでにしておこう。

第2章 学会もまた旅である

そもそも学会とは

誰でもなれる学会員

学会というのは、その分野の研究者の集まったコミュニティである。私が顔を出したことがある学会だけでも、日本鳥学会、日本動物行動学会、日本霊長類学会、日本生態学会、日本爬虫《はちゅう》両棲類《りょうせいるい》学会、日本甲殻類学会がある（爬虫類や甲殻類を研究したわけではないが、私のいた研究室が大会を主催したので運営を手伝ったのだ）。一人でいろんな学会に所属している例も多い。各学会は研究論文を掲載する学会誌を発行し、学会大会を開催することで研究を支援する。そのために学会員を募り、学会費を徴収する。

たぶん、世間では誤解されているが、少なくとも生物学の場合、学会は研究者を権威づけることも、何かを禁止したりすることもない（医学や工学の場合はもうちょっと厳しいこともある）。学会員だから学会が認めた研究者なのだ！　ということはなく、だいたいは学会費さえ払えば誰でも会員になれる。これは研究の門戸を広げるという意味で大事なことで、研究職ではないアマチュアの優秀な研究者も、昆虫や鳥類の分野には多い。また、何か変な研究をしたから学会を追放されるということもない。学会員名簿から名前が消えるとしたら、学会費を払っていないからである。私も払い忘れて消されたことがある（ただし、払えばすぐ復活できる）。

だから、マッドサイエンティストが異端の研究をしたり、定説に逆らったりしたからといって学会を追放されることはない。その意味で研究者というのは自由度が高く、何をどう研究しようが勝手である。まあ、あまりに内容が素っ頓狂《すっとんきょう》だったり、分野違いだったりすると学会発表や論文の掲載を断られることはあるだろうが、大概は学会誌以外にもジャーナルがあるので、そちらに論文を投稿すれば済む。もちろん研究倫理に反している場合や、そもそも内容が貧弱な場合は、まともなジャーナルは掲載してくれないが。

ということで、学会を追放された博士が「儂《わし》は学会に復讐《ふくしゅう》してやるんだあ」などと叫ぶのは、フィクションである。少なくとも私の関係している学問の世界はもっとドライだ。

さて、学会は年に1回程度、学会大会を開催する。つまりは発表会である。あちこちの学者や学生が集まって、自分の研究を発表し合う。単に「学会に行く」と言う方が多いのだが、「ナントカ学会」は団体を指すので、催し物として行われるのは正しくは「学会大会」だ。ニコ動と超会議みたいな関係である。期間は3、4日くらいで、集まりやすいように週末、可能なら3連休に設定されるのが普通だ。鳥学会は例年9月、動物行動学会なら11月、生態学会は3月、霊長類学会は6月に開かれる。

発表の方法は口頭発表とポスター発表がある。口頭発表はスライド（今はパワーポイントだが）を用いて画像や図表を見せながら10分ほどしゃべる、いわばプレゼン形式だ。発表の後に数分間の質疑応答があり、持ち時間が終わると次の発表者が登壇する。

ポスター発表は発表内容をポスター一枚にまとめて貼っておく形式である。普通は学会期間中貼りっぱなしなので、空き時間にでも読めるのが強みだ。コアタイムと呼ばれる2時間ほどは、発表者がポスターの前に立っていることが推奨されるので、この時間に行くと質問できる。もちろん、ほかの時間帯に発表者をつかまえて質問しても別にかまわない。

少し毛色の違う発表として、動物行動学会には映像発表というのがあった。これは動物の行動をムービーで記録し、動画を見せながら解説するというものである。行動学という「動き」に特化した学会だから考えられた方法とも言える。「ごちゃごちゃ説明するより見たほうが早い」という行動は多いのだ。

普通の口頭発表でも動画を用いる場合はあるのだが、ファイルが重くなりすぎるため、「なるべく小さくしてね」とか「どうしても使う場合は要相談」などの制限があることが多い。口頭発表のファイルは大会委員会が準備した発表用のパソコンにまとめて入れておくので、無制限に容量を喰《く》われると大変なのである。ファイルが重すぎてフリーズしました、なんてことになると発表のスケジュールが無茶苦茶になってしまう。

さらに、学会員が個人的に主催する自由集会というのもあり、セッション終了後の夕方などに行われる。「カラス集会」「カワウ集会」「猛禽《もうきん》集会」などさまざまなものがあり、こぢんまりと濃い発表や議論ができて、これに参加するのも楽しみの一つだ。

そして、場合によってはエクスカーションというツアーが開かれる。その付近の、研究者が面白がりそうな場所を案内するわけだ。たとえば、新潟大学で鳥学会が開催されたときは佐渡《さど》トキ保護センター見学だった。

学会大会はだいたい、どこかの大学で行われる。大会委員長になれる（ということは中堅どころ以上の）その分野の研究者がいること、会場が借りられること（大抵は大学の教室や講堂を借りる）、大会本部を作って準備・運営ができるくらい研究者や学生がいること、それなりにアクセスがよく、数百人が周辺に宿泊可能なことが条件だ（全員が泊まりがけではないが、鳥学会だと多ければ1000人くらい参加する）。その中で場所が偏らないよう、「去年は西の方だったから今年は東にするか」などと分散させる。しかし、開催できる場所は限られてしまうので、何年かするとまた同じ大学でやることになる。

こういった大会を行うことで、研究者はお互いに「今自分はどういう研究をしているか」とアピールし、さらに「今、世間ではどういう研究がなされていて、どういう結果が出つつあるか」という最新のニュースを手に入れることができる。顔見知りを増やしておくと情報も入りやすいし、どこかに調査に行くとか、ちょっと違う分野の研究に手を出すときに頼ることもできる。いろんな人と顔をつないで名刺交換しておくというのは、ビジネスと同じである。

もっとも、動物学者の場合は、ビジネスパーソンよりもうちょっと茶目っ気も出す。よくあるのは、自分の研究対象となる動物のグッズを身につけている場合だ。「ああ、あれを研究している人」と一目でわかるし、記憶にも残りやすいし、廊下で声をかけて質問するのも簡単である。なにより、「自分は〇〇LOVEです」と強く主張することができる。

だからマガンの研究者はマガンのお腹《なか》の模様を模したシマシマのTシャツを着ているし、エナガの研究者はかわいいエナガのトートバッグを持っていたりする。そしてカラス屋は、カラスの

Tシャツに黒シャツ黒ズボンのカラスコーデで、「自分はカラスだ」と主張するのである。たまたま黒でない服装でいたら、知り合いに「ポスターを見に行こうとしたのに見つからなかったじゃない、ああいうときはちゃんと黒い服を着ててよ」と苦言を呈された。

自分では発表せずに人の発表を聞くだけのときもあるが、それでも参加はしておこう、というのが研究者の基本的なスタンスだ（もちろん時間的・金銭的コストとの兼ね合いだが）。あと、その土地のうまい食い物と地酒も重要だ。飯と酒は学会の大きな目的とまでは言わないが、大きな楽しみではある。

学会というものに初めて出たのは、1996年。東京大学で開催された動物行動学会だったと記憶している。

この大会の個人的な目玉は、樋口広芳らによる「カラス、なぜ置くの」と題された口頭発表だった（ちなみにこの研究、森下さんもがっつり関わっている）。神奈川県内で発生した謎の「連続置《おき》石《いし》事件」の犯人がカラスであったこと、そして一体なぜそんなことが起こったのか、という発表であった。ちなみにその理由は「線路のバラストの下に貯食した際、目の前にあるレールにヒョイと石を置くから」である。

樋口先生は発表の最後をこんなふうに締めくくった。

「この発表のタイトルは『カラス、なぜ置くの』でしたが、それに対してはこう答えられるでしょう。『そこにレールがあったから』」

研究発表とはいえ、こういう茶目っ気は大事である。

特に欧米の研究者はこれがうまい。国際動物行動学会のあるセッションで「渡り鳥よりも渡らない鳥のほうが頭がいいのではないか」という発表があった。渡らない鳥は餌の少ない時期にもなんとか工夫して餌を確保しなければならないからだ。これはオーストリアの研究者の発表だったのだが、発表中にチャートを示し、「渡らずに頑張った鳥」のところにはアインシュタインの写真を出した。アインシュタインは最終的にナチスの迫害を逃れてアメリカに移住したとはいえ、重要な研究は生まれ故郷のドイツで行ったからである。一方で「渡っちゃった鳥」のところには、オーストリア出身で、アメリカに渡って成功した筋肉モリモリな映画スターの写真があった。シュワルツェネッガーをアホ代表に持ってくるブラックなセンスには会場が大笑いしていた。

学会へ行こう！

さて、学会大会に参加するのは、それなりに忙しい。

まず日程を確認して参加するかしないかを決める。発表するなら口頭発表かポスター発表かを決めなくてはいけない。2カ月くらい前には発表要旨を送らなくてはいけないので、タイトルを決め、作文して事務局に送る。すでに論文になっていればサラサラと書けるが、「学会発表までには完成させるがまだ解析中だ！」といった場合は、多少ぼかした書き方にしかできない。

とある国際学会の案内に書いてあった発表要旨の例文は、こんな感じだった。

学会参加者の研究進行状況について　氏名（所属）

昨年の学会大会において発表された口頭発表（n＝58）、ポスター発表（n＝95）について調査したところ、その約30パーセントは要旨を執筆した時点で調査や解析を終えておらず、5％は着手さえしていなかったことが判明した。この発表ではこの点についてこれから解析し発表する予定である。

それから宿や移動手段を確保し、学会費を研究費で支払うなら会計処理をする。講演資料やポスターを作る。講演資料は持ち時間（普通、12分くらいだ）に収まるよう、スライドの枚数や内容を調整する。なんならリハーサルをやって確かめてみる。ポスターなら学会案内にある用紙サイズを確認し、それに収まるサイズで原稿を作り、印刷する。といってもポスターのサイズは普通、横87センチ、縦130センチといったサイズだ。家庭用のプリンターでは印刷できない。外注すれば一枚モノでプリントアウトできるが、金もプリンターもなければ小さな紙に分割して並べて貼り出す。とはいえ、一枚でプリントしたほうが見栄えもいいし、読みやすいのは事実だ。私の勤務している博物館の場合、幸いにして館内に大型プリンターがあるので、これを使わせてもらっている（展示キャプションや挨拶文を館内で印刷するため、大型プリンターが必要なのだ）。

そして、旅行の準備と発表に必要な資料を持ち、学会に出発である。

現地に到着して受付をすませる。受付には「事前申し込み」と「当日申し込み」があるので、すでに申し込んで参加費を払ってあれば、事前申し込みのテーブルに向かう。対応しているのはバイトの学生であることが多いが、それを監督している受付係の大学院生や教員もいるはずだ。だいたいは知り合いなので、その時点で「あ、こんにちはー」が始まる。

受付をして、学会要旨集などを入れた袋と名札を受け取る。名札には自分の名前と所属が印刷されており、ホルダーも渡される。当日参加なら名札用の紙だけもらってその場で手書きだ。さらに、懇親会に参加する場合は、何か目印がついている。

要旨集を開いて口頭発表の内容と発表時刻を確認する。最近は事前にPDFで公開されていることも多いが、これを確認しないとスケジュールが立てられないのだ。

お、山崎さんの発表がここに。江田さんもあるのか。あー、その裏がコアジサシかー。マダガスカルグループの発表は聞かないとさすがに悪いかな。あ、この知能の話は絶対聞きたい。鈴木さんのシジュウカラも聞き逃してはならない。川上さんの今年の「芸」も見なければ。次は正直、どっちでもいいけど、二つ後に笠原さんのチドリの発表がある！　これは聞かなきゃ。

鳥学会の口頭発表はだいたい2会場で同時に行われ、時には聞きたい話が「裏番組」に当たってしまうこともある。二つの会場を忙しく行ったり来たりするのも日常茶飯事だ（大きな学会だと4部屋も5部屋もあるので、編成はさらに複雑だ）。

猛禽の渡りなんかは人気があるので、後から駆けつけても入れないことさえある。だから、「次の発表を確実に聞きたいから最初からこの会場に行って粘っていよう」なんて駆け引きもアリだ。

ちなみにカラスはそれほどでもない。樋口先生クラスになれば大人気だが、我々の発表はそこまでの話題性はない。

ポスター発表をする場合は、セッションまでにポスターを貼っておかなければいけない。というより、早ければ早いほうがいい。ポスター会場は皆が空き時間に見に来るからだ。

ポスター会場は教室だったり体育館だったりするが、ボード（というか組み立て式のパーテーションである）がずらりと立ち並んだ部屋だ。その中で、自分の発表の番号を確認し、その番号のボードのところに行く。部屋には押しピンが用意されているので、これを使ってボードにポスターを貼れば終わりである。縮刷版のハンドアウトや、（もしあれば）関連した自分の論文の別刷りを封筒に入れ、「ご自由にお持ちください」として一緒に差しておく人も多い。

ポスター発表となるとカラスは人気である。誰もが知っている鳥だけに、誰でも一つくらいはネタになる経験談を持っている。ということで、いろんな人が訪れて「いや、こういうことがあったんだけどね」と披露していかれる。結果として、カラス屋はポスターの前で立ちっぱなしとなり、終わったら声は嗄《か》れ、自分がほかの研究を見にゆく暇もない、なんてこともあった。

かくしてプログラム開始時間になり、発表が始まるとひたすらこれを聞く。口頭発表は人によって特徴が出るのが面白い。経験のない学生だと、緊張でコチコチになりながら原稿を読み上げていたりする。手慣れた人はまるで名司会者のように、ジョークを交えながらリラックスして話を進める。やはり研究者、特に大学の先生は講義などで話し慣れているせいか、メリハリがあって内容もわかりやすい。

とはいえ、研究内容はすべて話したいのが研究者の性《さが》だ。持ち時間いっぱいどころか、はみ出し気味になることもよくある。これを防止するため、持ち時間12分なら10分で予鈴がチーンと鳴る。これが「あと2分ですよ」のサインだ。チーンチーンと鳴ったら「しゃべる時間終わりです」。それから質疑応答があり、チーンチーンチーンと鳴ったら「次の方どうぞ」だ。話し終わると座長を交代して座長席に座り、次の発表者の名前とタイトルをアナウンスする。人によっては2回鳴っても「あ、すいませんすいません、もうすぐ！」とまだ話が続き、質問時間がなくなることもある。さすがに3回鳴っても終わらないのは反則である。

何学会のどこの大会だったか忘れたが、発表者から見える位置にパソコンのモニターがあり、10分を過ぎるとカウントダウンが始まったときもあった。確か、持ち時間いっぱいになると自動で「蛍の光」が流れたはずである。あれは地味に効く嫌がらせで、時間厳守には役立った。

質疑応答にもいろんなスタイルがあるが、私が尊敬しているのは三上修さんだ。彼はさまざまな数学モデルから個体群動態を予測したりするのが得意だが、「何を知りたいから、こういう仮説を立てて、この部分を調べた」という切り分けが極めて明快である。冗長な質問をしても「いえ、それはこの調査の目的ではないのでわかりません」「それは調べていないのでわかりません」と一刀両断される。それでいてイラッとしないのは彼の人徳のなせる業《わざ》だ。

ポスター発表のコアタイムになると大忙しだ。東京で国際鳥学会大会が開催されたときは、森下さんと二人でポスター発表をやり、コアタイムも連携プレーになった。

誰かがポスターに目をとめたら森下さんが「こんにちはー、カラス見ました？　日本にはカラスいっぱいいるでしょ？　これ、カラスの研究なんですよー！」と客をつかまえる。そこで相手が「へえ？」と興味を示したら、私にバトンタッチして解説である。もっとも長々しゃべってもお互い疲れるだけなので、要点を絞り、2分くらいで説明できるようにした。これはいつだったか、動物行動学会で岡《おか》ノ谷《や》一夫《かずお》先生がやっているのを見習ったからである。岡ノ谷先生はジュウシマツの歌の研究で有名で、そのときもジュウシマツの発表だったのだが、おそらくずっと質問攻めだったのだろう。私を含め、集まった観客にうんざりした顔でこう告げた。

「長くしゃべると疲れるから30秒で説明します。はい、ジュウシマツのメスに心電図計を取り付け、どんなときにドキドキするかを調べました。するとメスはオスの歌を聞くとドキドキすることがわかりました。そこで人為的に加工してより複雑化した歌を聞かせると、もーっとドキドキすることがわかりました。以上」

お見事である。我々のカラスの発表はさすがに30秒では終えられず、

「ハシブトガラスは東京にもいっぱいいるけど、山で何してるかわかってません。そこで分布から調べました。そうするとカラスのいる場所といない場所があることがわかりました。標高のせいかなーと思ったけどそうじゃないようです。そこで日本中で調べたら、カラスが多いのは植林の多いところだとわかりました。でもこれは常緑針葉樹vs落葉広葉樹の比較なので、常緑が好きか針葉が好きかわかりません。そこで屋久島で調べたら、常緑が好きらしいとわかりました。たぶん、巣の隠蔽性《いんぺいせい》が問題なんでしょう。以上」

くらいまで長くなった。ちなみにこの研究は今ひとつウケなかったのだが（そもそも日本のカラス事情はかなり特殊である）、イタリアの研究者が一人、「聞けてよかったよ、カラスの発表が少なくて寂しかったんだ」と言ってくれた。

人はそれを登山と呼ぶ

さて、午前のセッションが終わると昼飯タイムだ。受付で配られた資料一式の中に、まず間違

いなく「昼飯マップ」が入っている。昼飯は会場近くで手早く摂る必要があり、そうなるとよほど繁華な場所でない限り、マップの有無は非常に重要だ。大学や学部によっては週末に学食が閉まっている場合もあり、そういう場合は特に重大な問題となる。学食で安く食うか、地方の名物を食いに行くか、も悩みどころだ。

名古屋の中京大学で動物行動学会があったときは、こぎれいな学食で味噌《みそ》カツ定食を食った。その翌日は研究室の人たちと登山に行った。

そう、登山である。「マウンテン」というパスタ屋に挑むことを、人は「登山」と呼ぶのだ。

私がマウンテンを知ったのは、愛知県出身の友達に「名古屋に行くならぜひ試してこい」と言われたからである。さらに「甘口抹茶小倉スパは絶対に食え」とも言われた。

学会会場で顔見知りの九州大の人にその話をしたら、ゲッソリした顔で「え……絶対食えませんよあれ」と言われた。どうやらすでに試したらしい。うーむ。

さて、たどり着いたマウンテンは、広い駐車場の奥だった。そして、店にたどり着くまでの間に、なぜかウチワサボテンがいっぱい植わっていた。そして、図鑑のように分厚いメニューをめくっているうちに、私たちはさらなる疑問にぶつかった。

「なんですかこのサボテンのパスタって」

「え、あれ食えんの？」

「一応食える、とは聞いてますけど」

「もしかして、前に植えてあったやつ？」

「さあ⁇」

かくして我々は各自、好きなパスタを注文した。一人がサボテンを注文し、皆で味見したところ、炒めたサボテンは加熱したキュウリのような、もしくはメロンの皮のような、不思議な食感であった。味はほぼ、ない。

私はもちろん「甘口抹茶小倉スパ」を頼んだ。待っている間にふと横を見ると、少し離れたテーブルに「甘口抹茶小倉スパ」が届いたところだった。それは顔面より大きそうな皿に、緑色と白と暗紫色と赤と黄色の何かが山盛りになったシロモノであった。何かの勘違いに違いない、きっとそうだ。だって甘口小倉抹茶ですよ？　抹茶風味の冷製フェットチーネに小倉あんを添えて、スイーツ的な、もうちょっとおとなしい感じの……。

だが現実は非情だった。「お待たせしました、甘口抹茶小倉スパです」の声とともにテーブルに置かれたのは、顔面より大きそうな皿に、緑色と白と暗紫色と赤と黄色の何かが山盛りになったシロモノであった。麺は抹茶を練りこんであるものの、普通に丸い断面のスパゲティだった。しかもそれをしっかりと、油で炒めてあった。ところどころについた焦げ目には不吉な予感しかしなかった。そこにホイップクリームが惜しげもなくのり、さらに愛知県民の愛する小倉あんがのり、毒々しいまでに真っ赤な缶詰チェリーと缶詰ミカンが飾られていた。

意を決して食べ始めると、案外いけた。それからしばらくは、「うん、まあ悪くはないんじゃない」と思って食べ進めることができた。そのうち、パスタに入った抹茶の苦味と油っけが苦痛になってきた。横から先輩が「おう、これうめえじゃん」とクリームをちょっと取って食ってくれたのが、むしろありがたかった。チェリーの歯にしみるような甘さには、もはや殺意しか感じなかった。

そして……私はマウンテンの登頂に成功した。

「松原君、記念写真！」とカメラ片手の先輩に言われ、私は完食した皿を手にゲンナリした顔で写真に収まった。私が胸焼けというものを経験したのは、後にも先にもあのときだけである。

カラス的な採餌戦略

学会の楽しみの一つは懇親会だ。普通は2日目の夜くらいに学食で行われる。懇親会費は学会参加費とは別で、3000円くらい払わなくてはいけない。

会場に入り、荷物を置いて待つ。懇親会は立食形式で、会場をうろうろしていろんな人と歓談する。開始前からあちこちで鳥の話に花が咲いている。あっちは猛禽グループ、あの辺は東大樋口研と科博、向こうは立教、北大の海鳥の人たち……カラスはそれだけで集まれるほど大集団ではないが、私と森下さん、柴田《しばた》佳秀《よしひで》さん、松田道生さんなんかが集まって立ち話していることは多い。大学院で学会発表デビューして以来の「ポスター友達」の三上修さん（二人とも研究テーマが鳥類の種間関係だったのでポスターが隣同士、ということがよくあったのだ）、カラスの貝落としを研究していた高木君、慶應でカラスの認知能力を研究していた草山さんや伊澤さん、同じ奈良の人でいろいろお世話になっている藤田さん、高校のときから鳥の調査に関わっていた平田君も、寄っていって話をする仲だった。もちろん、大学院のころは京大グループでなんとなく一緒にいることもよくあった。

その間に、私は周囲を見回し、会場内を素早く移動し、あることを確認しておいた。

さて、司会がマイクの前に立ち、懇親会の開始がアナウンスされた。テーブルに用意されたビールの栓を抜き、グラスに注いで渡す。私にも誰かが渡してくれる。そして、学会長なり大会委員長なりの乾杯挨拶である。

これが、長い。いや、短い人もいるのだが、長い人はほんとに長い。「早く飲ませてくれないかな」と思いつつ、グラスを手に、人混みをぬって影のように移動し、テーブルに寄る。

「……ではみなさまのご健康と学会の発展を祈念いたしまして、乾杯！」

「かんぱーい！」

グラスを掲げ、ぐいーっと一気に飲み干すと、私はくるりと回れ右し、真後ろにある料理テーブルから皿と箸を取ると、ハム、サラダ、フライドポテトなどを素早く皿に取っていった。第一陣を皿に盛るとテーブルを離れ、ビールを調達して再びグラスを満たし、空いたところで落ち着いて食べ始める。そう、どこにどんな料理が置かれているか、すなわち餌資源の空間分布を事前に確認しておくのは採餌《さいじ》戦略の基本である。

ほんとうは刺身も食いたい。だが、私の好みとして、刺身とビールは今ひとつ合わない（魚がとびっきり新鮮なら大丈夫だけれど）。魚はやはり、日本酒でいきたい。

適当に話したりビールを飲んだり注いだり注がれたりしながら移動し、日本酒のコーナーにたどり着く。だいたい、日本酒、ワイン、焼酎、ウィスキーなど、ビール以外の酒も用意されているものだ。そして研究者には酒好きが多い。懇親会係が「わかってる」人だと、日本酒のチョイスにセンスが光る。圧巻だったのは２０１８年の鳥学会大会だ。開催地は日本酒王国・新潟だったので期待していたが、そこに用意されていたのは予想を超えた夢の世界であった。

テーブルを並べたカウンターにずらりと並ぶ日本酒。その数、実に一升瓶が20本！　緑《みどり》、八海《はっかい》山《さん》、久保田《くぼた》、上善水如《じょうぜんみずのごとし》、真野鶴《まのつる》、北雪《ほくせつ》……さすが日本酒学センターまである新潟大学である。

ふと見れば平田君と塚原さんがすでに日本酒を手にご機嫌だ。

問題はこの時間になると刺身がなくなってきていることだ。だが、カラス屋はちゃんと、周囲の動物の採餌を観察している。懇親会会場の資源分布と捕食圧《ほしょくあつ》は決して一様ではない。狙うべきは、重鎮の偉い先生方の集まっているテーブルである。

刺身や寿司は、会場にいくつも浮かぶ、テーブルを4つくらい寄せた島に一皿ずつ出ている。当然、先生方の前にもある。だが偉い先生はだいたいお年を召していて、そんなにガツガツ食わない。ひっきりなしにいろんな人が挨拶に来るので、食べることに熱中もできない。そして、偉い先生に遠慮するから、テーブルに突撃するやつが少ない。これは極めてカラス的な採餌方法、捕食動物の様子をうかがいながら食べ残しをかっさらう行動そのものである。

私は大先生方の視線や会話の隙間を読み、テーブルから素知らぬ顔で刺身をせしめることに成功した。ただし、これは自分の指導教官がいたりすると無理だ。こちらも挨拶しなければならないし、「お前ちゃんと論文書いてるか？」などと説教まで始まってしまう可能性があるからである。

昔からぜひやってみたい調査がある。懇親会会場の天井に下向きのカメラを取り付け、個人の行動と採餌戦略を解析するのだ。これを翌年の学会大会で発表すれば、少なくともウケることは間違いない。

ちなみに、特に動物行動学会など、参加者が全体に若い学会では懇親会の食料が足りなくなることがある。京大で主催したときはちょっと事情があって料理代がかなり緊縮財政となり、途中で料理がまったく足りなくなったために宅配ピザを頼まざるをえなかった。

時には途中でご飯ものが追加されることもある。名古屋で行われた学会のときは厨房で何か作っているのが見え、大皿山盛りのチャーハンが運ばれてくるのに何人かが気づいた。かくして、料理人の後ろにゾロゾロと皿を持った学生が続き、チャーハンがテーブルに置かれると同時に流れるように皿によそった。まるでオオカミの後をつけるカラスだ。

私はもちろん、そのカラスの一員であった。

大学院のとき、札幌《さっぽろ》で鳥学会が開かれた折のことだ。学会日程も終盤にかかり、あとはもうエクスカーションと自由集会だけ、という学会3日目の夕方である。会場を歩いていた私は、教授につかまった。

「おう松原ぁ、飲みに行くぞ！　研究室のやつら集めとけ」

「え？　みんな帰っちゃいましたよ？　明日はもうエクスカーションしかないですし」

「なにぃ？　なんだあいつら、遊びもしねえで帰ったのか？　まあいいや、誰かいるだろ。いるやつだけでも呼んどけ」

結局、つかまったのはA君だけだった。対して、教授が探してきたのは信州のN先生。なんちゅう大物を！　さらに地元の知り合いという方が合流して、「おう、どこでも案内してやる！」と盛り上がり、超大物二人に逆らえるわけもない学生二人は居酒屋に引っ張り込まれたのであった。

「アンタ北海道初めてか？　おう、じゃあなんでもうまいもん食ってみな」

教授は機嫌よく告げると、自分も手書きのメニューを見始めた。

「カニか、いいな。お、ホヤがあんじゃん」

教授はヒョイと手を挙げると、店員を呼んだ。

「お姉さんお姉さん、このさ、『ホヤのさしす』って何？」

先生、それ、「さし」と「す」の間に微妙に間が空いてるし、点も打ってます！　と目配せするのも間に合わず、お姉さんはサラッと説明を始めた。

「あ、刺身と酢の物があるんですー。すいません、書き方悪かったですよね」

「あー、そうかそうか。なんだ、『さし・す』か。じゃあ酢の物ね。それとさ、この『きほんまぐろ』って何？」

いや先生、確かに生醤油と書いたら「きじょうゆ」、生一本は「きいっぽん」ですけど、「生本マグロ」は……！

「はい、なま本マグロ一丁ですね！」

ホヤもマグロもコマイもソイも大変においしかったはずなのだが、教授の大胆な読み間違いに全部持っていかれて、まるで覚えていない。

ついでと称して鳥を見る

学会の楽しみは、発表と飲食だけではない。知らない土地に行けば、普段は見かけない鳥に会えることもある。

鳥学会で北海道を訪れたときのこと。秋の北海道はナナカマドの実が真っ赤に色づいていた。

本州では山に行かないとあまり見かけないが、札幌では街路樹によく植わっている。そして、ヒヨドリとカラスがバクバク食べている。

森下さんと北大構内を歩いていたら、目の前を鳥が飛んだ。小鳥ではない。中鳥、という言い方はおかしいが、ヒヨドリか、もう少し大きいくらいの鳥だ。だが、色がおかしい。白黒？　こんな鳥いるか？

そいつは立木に止まって、私からは見えない位置に隠れた。森下さんがヒョイと横に動いてその鳥を目で追いながら、言った。

「あ、アカゲラだー」

「ええっ？」

そうなのだ。北海道では平地にアカゲラがいる。コゲラは基本的に、いない。都市部で普通に見られるキツツキが、アカゲラなのである。本州でも季節によっては大きな公園などに来ることもあるが、どちらかといえば山の鳥だ。

それどころではない。木立の中に消えてしまったアカゲラを探していたら、樹上から「フィフィフィフィ」という声が聞こえた。近い。だが見えない。それに、この方向からすると枝先ではなく、むしろ幹？

木の幹に止まって、こんな声で鳴く鳥と言えば。

「ゴジュウカラ!?」

いた。小さな灰色の鳥が、幹を回り込むように垂直に登ってゆく。彼らはこんなふうに登るだけでなく、頭を下に向けて垂直に幹を下りることさえできる。そんなことができるのはゴジュウカラだけだ。キッツキ類にはできない（頭を上に向けて、後ずさりしながら下りることはできる）し、ゴジュウカラによく似たキバシリにもできない。

それにしても、ゴジュウカラだと？　関西人にとっては標高1000メートルクラスの山にしかいない鳥だ（冬はもう少し低地にも来る）。ハチ北《きた》高原や氷《ひょう》ノ山《せん》で見た記憶しかない。それが、県庁所在地のド真ん中にいる？

やはり、北海道は生物地理的に本州とはだいぶ違うのである。

それから数年して、学会は再び札幌で行われた。

2日目の口頭発表のセッションが終わり、廊下に出てきたところ、以前、北大にいた平田君に声をかけられた。

「松原さん、カラスのクルミ割り見ました？」

「え？　やってるの？」

「やるやついますよ。そこから外に出てすぐのとこでよくやってました」

「ってまさか、車に轢《ひ》かせて？」

「いや、さすがにそれは（笑）」

自動車を利用したクルミ割りは有名だが、どこでも見られるというものではない。普通は道路などに落とすだけだ。クルミや貝を落とす行動は、あちこちで見ることができる。ハシボソガラスにとっては、比較的一般的な行動と言ってよい。こういった行動が見られるのはハシボソガラスのほうで、ハシブトガラスはほとんどやらないし、仮にやってもへたくそである。

これに鋭く反応したのが私と森下さん、そして鳥の研究家でカラスの著作もある柴田佳秀さんだ。私たちは即座に校舎を飛び出した。双眼鏡はすでに首から下がっている。口頭発表のスライドの文字が小さくてよく読めないとき、大変役立つからである。本来、この後は学会の総会があるから、会員としてはちゃんと出席すべきなのだが、一研究者として、カラス屋として、カラスより大事なことなどない。決して、カラスを言い訳にしてサボろうというのではない。会計報告よりカラスのほうが１０００倍面白いのは全《まった》き事実だが、断じて、それが理由ではない。

構内を出てすぐの道路脇の電線に、ハシボソガラスが止まっていた。こいつか？　よく見ると2羽いる。ペアのようだ。しかも道路の背後にはクルミの木もある。そして、路上に茶色いものが散らばっている。乾燥したクルミの外果皮《がいかひ》だ。クルミは木に実っている状態では分厚い、オリーブ色の外果皮に覆われている。私たちが見かける、「クルミ」として売られているのは、その内側だ。クルミの、硬くてシワのよった殻は内果皮《ないかひ》という。カラスが木に実ったクルミを食べようとすると、分厚くて肉質の外果皮と、ガチガチに硬い内果皮の両方を割らなくてはいけないわけだ。

カラスが電線から飛び立ち、緑地を横切ってクルミの木に止まった。枝が揺れているのが見える。クルミをもぎとっているのだ。あっという間にクルミをくわえたカラスは、電線を通り越して、道路上の街灯に止まった。下を覗《のぞ》き込み、首をかしげ、何のためらいもなく、くわえていたクルミを道路に落とした。クルミはベチャッという迫力のない音をたてて、路面でバウンドして転がった。双眼鏡を覗いて確認する。

「割れた？」

「いや、ダメですね……あ、来た」

しゃべっているうちに、カラスはさっと舞い降りてきた。路面のクルミを足で踏み、くちばしでつついて確かめると、また口にくわえて飛び上がる。今度は隣の街灯に行った。特に高さは変わらないと思うが、そういう戦略なのか？

２度目に落とすと、今度は「ガシャッ」という音がした。

「今度は割れたんじゃない？」

「割れたっぽいです」

カラスはさっと舞い降りると、クルミを足で踏んで外果皮をついて剝《は》がした。途中まで剝がすと硬い殻をつつき、そこからくちばしを突っ込んで中身を食べ始めた。さっきの「ガシャッ」という音からして、内果皮も割れたはずだ。だが写真がうまく撮れない。動きが速いのと、なんとなくこっちに背中を向けているせいだ。そのうちカラスはクルミをくわえて飛び去ってしまった。

現場に行ってみると、剝がされた果皮や二つに割れた内果皮が散らばっている。古くなって干からびたのもある。やはり、しょっちゅうやっているのだ。

クルミを車に轢かせるのは有名だが、実際に行うカラスはごく少数だ。これは最初に「車に轢かせて割る」という行動を報告した仁平義明・樋口広芳らの研究でも指摘されているが、落としたものの割れなかったクルミを自動車がたまたま踏んで割れたことから学習したのだろう。また、この行動が確認されているのはハシボソガラスだけである。

実際、車を利用しているように見える例でも、あまり積極的に利用しない例は見つかっている。落としたクルミをなんとなく眺めていたりする場合だ。車の通り道に置くとか、より良さそうな場所に微調整するとか、そういう努力はしない。こういう場合は、「車が踏めば割れるからそれを狙おう」という明確な理解はできていないようにも見える。

考えてみたらこれは当然で、もしすぐに覚えられるものなら、自動車に轢かせる行動はもっと高頻度で見られるはずだ。「落として割る」と「車に轢かせる」の間に大きな溝があるがゆえに、そう簡単には覚えられず、中間段階の半端な行動もあるはずだ。そのあたりの、「いかにして車の利用に至るか」という詳細な研究はまだ少ない。

目屋の呪い

車を利用したクルミ割りを初めて見たのは、青森での学会のときだ。

このときは秋田在住の武藤さんに誘われて、森下さんと秋田のクルミ割りを見に行った。いや、実際には青森から白神《しらかみ》山地をかすめて秋田まで武藤さんのインプレッサグラベルEXで突っ走り、阿仁《あに》(現・北秋田市)にある杣《そま》温泉に一泊して、それから秋田でカラスを見せてもらったのであった。その途中、青森から秋田へ抜ける途中で道に迷ったのだが。

「あれー、おかしいなあ。こっちですかね」

ハンドルを握る武藤さんが首をかしげた。私はロードマップを確認した(このころはまだカーナビは一般的ではなかった)。

「地図によると方向は合ってると思いますよ。岩木山《いわきさん》の方角も正しい」

「なんか書いてる！」

森下さんが地面に置いてある手書きの看板を見つけた。

「目屋《めや》こっち、だって」

「……その看板、明らかに地面に落ちてますよね。元の向きはどっちだったんでしょう？」

困ったことに三叉路《さんさろ》なので、元の位置がわからないとどっちを指していたか不明である。まあ置いてあった向きが正しいのだろうと思い、そっちに向かうことにした。

「ところで目屋ってどこですか」

「地図にはこの辺が西目屋《にしめや》村と書いてますが」

しばらく走ると、どうも幹線道路に出そうにもない、細い道に行き当たった。そこには再び看板があった。

「目屋↓」

「また目屋か」

そう言いながら走っていたら、また「目屋」が出てきた。しかもさっきの看板にそっくりだ。まさか同じところをグルグル回っているのか？

「これ、敵が攻めて来ても道に迷うようにする策略なのでは」

「あー、津軽《つがる》と南部《なんぶ》は仲悪いですからね」

しばらく走ると今度は「目屋郵便局←」という標識が出てきた。

「また目屋が！」

「ひょっとして二度と目屋から出られないのでは」

「目屋の呪い！（笑）」
幸いにしてそれは単に、秋田との県境にある西目屋村でちょっとウロウロしただけのことだった。我々は無事、秋田県側に抜けた。
さて、秋田で武藤さんが連れて行ってくれたのは、国道のバイパスだった。「この辺ですね」
と言いながら車を走らせていた武藤さんが、一羽のカラスを見つけた。
「あ、あそこいます」
確かに道路脇の縁石にハシボソガラスがのっている。そして道路に出てきたのが見えた。何か
くわえている。森下さんと私は素早く双眼鏡で確認した。
「あー！　クルミくわえてる！」
「すいません、後ろがつまってるんで通過します！」
この道はとにかくみんな飛ばす。急に止まるわけにもいかず、私たちはカラスの真横を通過し
た。バックミラーに映るカラスは車をやりすごすと、また道路に出てきている。
その先でターンして引き返してくると、まだカラスがいた。さっきの個体だろう。
カラスを警戒させないよう、50メートルほど離れて観察する。ハシボソガラスは少なくとも2
羽いるようだった。だが、動き回っているので何羽がやっているのかよくわからない。
この場所の特徴はとにかく車が速いことだ。交通量は多くないが、高速道路並みの速度ですっ
飛んでくる。ところがカラスはそう簡単には逃げない。ぎりぎりまで道路に立ってクルミを置き、
いよいよ危ないとサッと縁石に逃げる。

だが成功率は高くない。タイヤの幅は30センチあるなしだし、カラスが立っているのでなんとなく避けるドライバーも多い。かくして、タイヤがどこを通るかが予測しにくいのだ。そうやって空振りするたびに、カラスは道路に戻ってチョイチョイとクルミを転がし、場所を修正する。だが、車が突っ込んでくるギリギリまでやっているので、見ながら「危ない！」と口走ってしまうほどだ。

そうやって何度も置き直しているうちに、ついに「パァン！」という銃声のような音が聞こえた。

「あ、割れた！」

3人で見ていると、カラスが道路に出てきた。そして、砕けたクルミを拾ってつつき始めた。ぶっ飛ばしてきた車に踏まれたクルミは粉々になる。それを拾って回るのである。拾っていると当然、また車が来る。これをギリギリまで我慢してクルミを拾い、最後の瞬間にサッと身を翻してセンターラインに避ける。やはり、どう考えても危ない。これまでに知られている自動車利用のなかでは、最も危険なのではないか。普通はもうちょっと、車が徐行したり止まったりする場所でやるものである。一番賢いのは、信号の前で待っていて、止まった車のタイヤの前に置いてくる、というものだ。なのに、なんでこんな流れの速いところで始めてしまったのだろう?

もう一つ面白いのはクルミの入手先だった。カラスは道路脇の空き地に行くと、草むらからクルミを取り出しては置きにゆくのだ。

確かに近くにクルミの木はある。だが、実を取ってそのまま落とすのではなく、わざわざ「ここ」にストックし、その前でクルミを道路に置いて割っている。

道路のこの場所が特に良いのかどうかはわからなかった。確かに見通しはいい。微妙にカーブしているので多少は車の速度も落ちるかもしれない。単に隠し場所として良かったのかもしれない。空き地は舗装されていたので、もともとはそこにクルミを落として割っていたのかもしれない。

いろんなことが考えられるが、初めて実際に見た「自動車を利用したクルミ割り」は面白すぎる行動だった。

学会の「ついで」というのは、かくも重要な場合があるのである。

東欧に暮らすカラスたち

国際学会で初海外

2005年。晴れて博士号も取得できたことだし、生まれて初めて、国際学会に参加することにした。というか、海外旅行自体、これが初めてである。

行き先はIEC（国際動物行動学会）、開催地はハンガリーのブダペストだ。

初海外で不安なので、研究室で隣に座っているモッチーと一緒に行動することにした。彼はイモリの腹はなぜ赤いのか、警告色の地理的変異の分布とその理由を研究している。モッチーのほうも私が大学で第二外国語としてドイツ語を習っていたのをアテにしたらしい。ハンガリーは英語よりドイツ語のほうが通じるという話だったからだ。ただし私がドイツ語を習ったのは10年以上前の話で、はなはだ心もとなかったが。

旅行の日程を決め、行き方を考える。ハンガリーには直行便がなかったので、どこかで乗り換えなくてはいけない。我々は一捻《ひとひね》りして、ウィーンから列車に乗ることにした。島国の住人としては、陸路で国境を越えるというのを一度体験してみたい。

ドバイ経由ウィーン行きのエミレーツ航空の航空券を手配し、宿を探す。旅行ガイドで見つけたホステルに「8月21日にブダペストを訪れるのだが、一週間泊まれるか」と問い合わせのメールを出してみた。

2日後、ホステルから返事が来た。メールには「お問い合わせありがとう。部屋は空いている。しかしながら、当ホステルはカナダのプリンス・エドワード島にあるのでお役に立てないと思う」と書いてあった。調べてみると、ブダペストにあったホステルは廃業してメールアドレスも一度消滅しており、まったく同じアドレスを、カナダのホステルがたまたま使っていたのだった。

そう、この旅は最初からハプニングで幕を開けたのだ。

関西国際空港から飛行機に乗り、ドバイでトランジットして、ウィーンに到着。ウィーンからブダペストへは列車である。

ウィーン空港で荷物の受け取りに一悶着《ひともんちゃく》あったものの、かろうじて覚えていたドイツ語のおかげか、なんとか解決。列車でウィーン南駅に行き、ブダペストまでの切符を入手する。駅の中を歩いて行くと、地下通路に「自転車」と書かれたレーンがあった。地下鉄に自転車ごと乗れるのだ。と、壁に見慣れた絵を見た気がして足を止めた。

「DAS WANDELNDE SCHLOSS」

それは『ハウルの動く城』のポスターだった。

広々した駅の、インターシティ特急のホームに向かう。表示を見るとドルトムント発の電車は「Delay」とある。あら、遅れてるんですか。ドイツの列車は時間に正確だと聞いていたのだが、

5分や10分の遅れは当たり前で、「何時間も遅れはしない」という意味らしい。これは後で聞いたが、「何分遅れ」などきちんと知らせてくれるところがドイツらしい、国によっては駅員に聞いても「そんなものは知らん」と言われる、とか。

インドのジョークにはこんなのまである。いつも遅れる列車が珍しく時間通りに来た。そのせいで、どうせ何時間か遅れるだろうとタカをくくっていた乗客たちは乗り遅れてしまった。「なぜ今日に限って時間通りに来るんだ」と駅員に苦情を言うと、駅員は澄まして答えた。

「ご心配なく、今のは昨日の列車です」

さて、待っている間に喫煙場所を探そうと思ったら、気にしなくてもみんなホームでスパスパ吸っていた。しかも吸い終わると火も消さずに線路に投げ込んでいる。海外で禁止されていることが多いのは「公共の屋内での喫煙」だ。こんな広い屋外なら煙を吐くのも自由だし、誰も歩きゃしない線路の吸い殻なんて一体誰が気にするの？　ということらしい。小心者の日本人はホームの端っこまで行って一服させてもらい、吸い殻は携帯灰皿に入れた。

それはさておき、鳥がいない。ヨーロッパに来たのだから、イエスズメとか、モリバトとか、ニシコクマルガラスとか、ズアオアトリとか、ルリガラとか、ヨーロッパでは普通でも日本にはいない鳥をぜひ見たいと思っているのだが。ウィーンの空港に着陸したときは滑走路脇にチョウゲンボウかチゴハヤブサらしい鳥を見かけたが、どちらも日本で見られる。とはいえ、着陸して減速中の機内から猛禽を見つけた自分は褒めてやりたい。

さっきから飛んでいるのはドバトばっかりだ。ドバトは日本にいるものと同じである。というか、あれは本来、野鳥ではない。

ドバトは中近東原産のカワラバトを人間が飼いならしたものだ。最初は肉用だったかもしれないが、後に愛玩《あいがん》用や伝書鳩《でんしょばと》として飼われるようになった。伝書鳩のなかには、道に迷ってそのまま野生化してしまうものも出てくる。アジアにもこのハトは伝わり、日本ではお寺で放し飼いされるようになった。放生会《ほうじょうえ》などで放されたこともあっただろう。放生会というのは、鳥や魚を放つことで功徳《くどく》を積む仏教の行事である（そのために売る動物を捕まえたり養殖したりすると本末転倒に思えるが）。後に西洋文化がもたらされると伝書鳩も用いられ、これが野生化することも増えた。そうやって世界中に住み着くようになったのが、ドバトである。

15分ほど遅れて列車が到着した。ホームよりうんと高い位置にあるドアに、ステップをよじ登って乗り込む。あの音楽とともに、「今日は東欧の玄関口、ウィーンからハンガリーに向かいます」と石丸謙二郎のナレーションが聞こえてきそうである。

手近にいたお姉さんに「これは二等車ですか」と（一応ドイツ語で）聞いてみると、「ええそうよ」とのこと。「ここいいですか？」とちゃっかり同じボックス席に陣取ったモッチーが話しかけると、彼女はウィーンで働いていて、国境近くの町に帰るところだという。ちなみに彼女は英語ペラペラだったので、以後のやりとりはすべて英語である。私のドイツ語の出番は空港のバゲッジクレーム係のオバちゃん相手だけだった。預けた荷物が行方不明になり、探してくれと言いに行ったらあまりにやる気がないのでドイツ語で怒りをぶつけたのである。

国境の町でお姉さんが降りると、出国審査官がやってきた。警察なのか国境警備なのか、オーストリア製の自動拳銃を腰に下げている。だがパスポート検査はほとんどあって無きがごときものだった。ろくに確かめもせず、ポンポンとスタンプを押して返してくれる。空港で入国したときには飛行機マークのスタンプが押されていたが、今度は機関車マークだ。そうか、これは入国や出国の経路を示しているのか。

ハンガリーに入ってしばらくすると、今度は入国審査官がやってきた。こちらも愛想よく「パスポート・プリーズ」と手を差し出し、せいぜい新幹線の検札程度の手間でポンポンとスタンプを押して返してくれる。

車窓の景色はいかにもヨーロッパといったものだ。ゆるやかに起伏する広々した畑の向こうに、一面にヒマワリが咲いている。ゆったり流れる小川と並木、その向こうに小さな家。赤い屋根の並ぶ小さな村が、遠い丘の麓《ふもと》に見え隠れする。まるで印象派の絵画だが、それよりあの小川で釣りがしたい。パーチだかパイクだかマスだかがいるに違いない。

異国を感じるのは景色だったり、気候だったり、言葉だったり、食べ物だったりするが、生き物好きの場合、「そこにいる生物」によっても感じるのだ。

と、列車に向かって飛んでくる鳥に気づいた。真っ白な翼と黒い翼端《よくたん》、それに大きい！　列車に覆いかぶさるかと思うような、とんでもない大きさだ。指のように分かれた翼端の風切羽《かざきりばね》がはっきり見える。

コウノトリだ。正確に言えば、くちばしの赤い、ヨーロッパ産のシュバシコウだ。アジアのものとは種が違うが、ごく近縁である。ヨーロッパでは今も煙突の上に巣を作ったりするらしい。残念ながら日本のコウノトリはすでに絶滅し、今、日本で野生復帰を目指しているのはロシアの個体群の子孫だ。江戸時代には浅草寺《せんそうじ》の雷門に巣をかけたこともあったというコウノトリだが、明治時代になって銃猟と肉食が解禁され、コウノトリは人間に狙われる鳥となった。さらに戦後になってからは大規模な農薬使用と農地や河川の改修によって餌と住処《すみか》を失い、瞬く間にその数を減らしていったのである。

窓に顔を押し付けるように視線を巡らせたが、コウノトリは長いくちばしをまっすぐ前に向けたまま、私の座った位置のまさに真上を飛び越えて、姿を消した。

これぞ、異国。

ブダペストの日本人

やがて列車は広大なドナウ川を渡り、ブダペスト東駅へと滑り込んだ。

東駅は石造りの立派な建物である。大きなファサードがあり、「KELETI PÁLYAUDVAR」と書いてある。ケレティ・パリャウドヴァー……ではなく、ケレティ・パーイアウドヴァールと読む。『旅の指さし会話帳・ハンガリー語』によると。

ハンガリーの言語であるマジャール語にはまったくなじみがないうえ、英語やラテン語とは起源が違うので、単語の意味の推測すらできない。しかも、マジャール語には外来語が少ない。古い時代に入ってきた外来語の大半は母国語に翻訳してしまっているからだ。

日本も明治時代に多くの用語や概念を日本語に翻訳したので、我々は日本語だけで学問を学ぶことができる。ただし、英語にするときに苦労する。英語の論文を読み書きするときなど、英語を日本語にして理解し、それを日本語で考え、書くときはまた英語に戻すわけで、「わざわざ日本語にすると二度手間だ」と感じることさえある。世界には高校あたりから英語を叩《たた》き込み、高等教育は基本英語で行う、という例も少なくない。

しかし、徹底して学問を日本語化したということは、英語教育や高等教育を受けていなくても読めるし学べる、ということでもある。あるイラン人の留学生が言っていた、「日本はいいですね、母国語で教育ができて、誰でも理解できる」という一言も、やはり真実をついていると思う。

ちなみにマジャール語で「鳥」はマダール、複数形はマダラク。「鳥たちを」ならマダラカト。なんでこんなことを覚えたかというと、「私は鳥を研究しています」というフレーズくらいはマジャール語で覚えておこうかな、と思ったからだ。結局使う機会はなかったが。ついでに「カラス」という単語を知りたかったのだが、会話用の簡易辞書には載っていなかった。仕方ないので、「黒い鳥」と言えばわかるかと思って、黒（フェケテ）も覚えておいた。

もう一つ覚えておいたのは「Hol van WC?（ホル・ヴァーン・ヴェーツェー？）」だ。意味は「トイレどこですか？」。海外に行くたびに覚えるので、トイレの場所ならあと4カ国語で質問できる。Where is washroom?　Wo ist die WC?　Tandas ada di mana?　洗手间在哪裡？　ただし、相手が「あそこだ！」と身振りで示してくれない限り、答えを理解できるとは限らない。

東駅から地下鉄で市内の中央まで行き、宿に向かう。宿はグリーンブリッジ・ホステルといい、市内の繁華な通りの一本裏、駅にも中央市場にもアクセスがいい。

ところが、その番地がさっぱりわからない。さんざんうろうろした結果、わかったのは「石畳の街並みにキャスター付きのスーツケースは向いていない」ということだった。私は登山用のザックを担いでいたのでスタスタ歩けるが、ガタガタと絶え間なく振動するスーツケースを引っ張っているモッチーはずいぶん苦労したようだ。挙げ句、やっと見つけ出したグリーンブリッジ・ホステルは、看板も何もない、アパートメントの一角だった。入り口の重厚なドアを開けると漆《しっ》喰《くい》を塗った通路があり、左右に階段がある。建物はロの字形で、中庭は物干しになっているようだ。ここの2階に上がると、小さく「green bridge」と表札が出ている（実はこの表札、通りに面した壁面にもあったのだが、あまりに小さくて気づかなかった）。

よし、荷物を置いて学会会場に駆けつけよう。今夜はプレオープニングレセプションがあるはずだ。学生にとって学会の目的の一つは酒と飯だ。高い参加費を払っているのだから、なおさらである。この当時、国内の学会なら懇親会費込みでも学生価格は6000円かそこらだったが、国際学会ともなると規模が大きいこともあり、数万円は取られた。ここに足代、宿泊費、滞在費と加えると、結構な出費である。

レセプションの後半にはなんとか間に合い、宿に引き上げてきて談話室に座っていると、メガネをかけた生真面目《きまじめ》そうなヨーロッパ人の兄ちゃんと、なんとなく見慣れた感じのアジア人のお嬢さんが話し込んでいた。我々も挨拶して世間話に加わったのだが、アジア人の英語が非常に聞き慣れた感じである。確かめてみるとやはり日本人で、しかも京都から来たという。「こんなとこまで来て地元の人がいるなんて！」と微妙に嫌そうな顔をされたので、あまり絡《から》まないことにした。確かに、旅先では異邦人を楽しみたいこともあるだろう。

兄ちゃんのほうはデンマークから来たそうで、「今度は日本に行きたいと思っている」と話していた。彼は最後に「髪をこんなふうにくくったバイトの兄ちゃんを見かけたか？　彼はナイスガイだ、なんでも親切に教えてくれる」と助言してくれた。

数日後、そのバイトの兄ちゃんに出会うのだが、実際、彼は大変親切にいろいろ教えてくれたうえ、私が鳥好きとわかると、子供のときに読んでいたというハンガリーの鳥図鑑をくれた。

大物揃いの国際学会

こんなふうに始まった国際学会だったが、発表要旨を見ると、カラスに関する発表がいくつもある。第一、口頭発表の1セッションがまるごと「カラスは『羽の生えた類人猿』か？（Are Crows *feathered ape?*）」と題されたカラス特集になっている。カラスに関する発表の半分は、この当時の極めてホットな話題、カレドニアガラスの道具使用に関するものだ。ケンブリッジ大学のニコラ・クレイトンやネイサン・エメリーが中心となって、いくつもの発表が予定されていた。クレイトンはプレナリー（招待講演）にも登場する予定だ。もう半分はワタリガラスの認知に関する行動で、こちらはオーストリアのコンラート・ローレンツ研究所が中心。ここではワタリガラスを飼育して、さまざまな実験を行っている。

その中にポツンと、「日本で同所的に分布するカラス2種の採餌行動による住み分け」なる私のポスター発表があるわけだ。うーん……なんだか場違い？

カラスのセッションでワタリガラスの社会的学習に関する発表を聞き、発表者に質問しようとしたら、時間切れで質問タイムは省かれた。学会の口頭発表はだいたい一人15分の持ち時間があり、普通は12分くらいで発表を終了し、残りの数分は質疑応答にする。だが、自分の研究のすべてを語ろうとすると、どうしてもあれもこれもと長くなってしまうものだ。

それはともかく、セッションはこれで終了し、これから昼休みだ。私は発表者が飯を食いに行ってしまう前に、急いで彼女のところに行って、直接質問した。彼女は飼育下でのワタリガラスの行動について発表していたのだが、野外でもそのような行動があるかどうか聞きたかったのだ。だが、残念ながら「自分は飼育下の個体しか知らない、野生のワタリガラスを見たことはあるが、非常に用心深くて到底観察できるようなものではなかった」との返事。まあそうだよなあ、実験心理学と野外での観察はアプローチも方法論も全然違うもんなあ。

そう思っていたら、セッションの座長を務めていたヒゲのおっちゃんが横から話に加わってきた。あ、この人も最後の発表者と同じ、コンラート・ローレンツ研究所の人のはずだ。「おつかれさん、うん、良かったよ！」みたいなことを言ってるんだろうか。このおっちゃん、配布されたプログラムによると確かThomas Bugnyarといったはず。バグニャーと読むのかブグニャーと読むのか、それともブニャルとかそんな読み方なんだろうか。

彼は発表者と二言三言話すと、こっちを向いて「やあこんにちは、同じ研究所にいるバグニャーだ」と挨拶してくれた。「日本でカラスを研究している松原です」と言いかけるとニヤリと笑って私のTシャツに描かれたカラスを指差し、「わかってるよ、カラスだろ？　ポスターで野外研究の発表してた人？」と言い当てられた。なんと、見ていてくれたとは。自家製の、カラスを描いた名刺を渡すと、「いいね、こういうの好きだよ」と笑って去っていった。

……ちょっと待った。あの名前、バーンド・ハインリッチの『ワタリガラスの謎』に出てきたぞ？　ワタリガラスに関する研究を丹念に綴《つづ》った500ページ近い大作、私の読んだなかで最高にして最強の「カラス本」だ。バグニャーって当時ハインリッチのとこで研究してた学生か何かじゃなかったか!?　わあ、大物！

ポスター発表のコアタイムがやってきた。発表者がポスターの前にいて、説明したり、質問を受け付けたりする時間帯だ。

このときは慶應大の動物心理学の知り合いが超大物を連れて来てくれた。カレドニアガラスの研究で有名（というか、超有名）なニコラ・クレイトンとネイサン・エメリーである。クレイトンはケンブリッジ大学の歴史上、最年少の正教授とも聞いたが、シャープな表情の女性で、いかにも「英国の切れ者な研究者」といった雰囲気。エメリーはおっとりした「人のいいおっちゃん」という感じ。なんとなくムーミンパパに似ている。

ポスターの内容は特に説明がいるほど難しいものではなかったのだが、二人に言われたのは「君、これを野外でやったの!?」ということだった。エメリーにいたっては「ワオ……」を連発していた。うん……そう見えるよね。野外のワタリガラスを見た人ならね。日本のカラスは市街地にたくさんいるうえ、おそろしくフレンドリーだから、その点はまったく何も苦労しない。むしろ、実験装置を木の上に持っていっていじくり回すので、取り返すのに苦労したくらいだ。

カラスの気配が薄い街

こうして学会に参加しながら、私は常に鳥を、特にカラスを、探していた。ヨーロッパに来たからには、ズキンガラス、ニシコクマルガラス、ミヤマガラスを見たい。ズキンガラスでなくハシボソガラスがいたら、そいつも要チェック。日本にいるのとは違う、ヨーロッパ亜種のはずだ。

しかし、ハンガリーで目についたカラスの仲間といえば、まずはカササギであった。カササギはカラス属ではないが、カケスやオナガと同様にカラス科の鳥だ。ユーラシアではポピュラーな鳥なのだが、日本では佐賀県を中心とする九州の一部と、北海道の一部にしか分布していない。

会場の隣の広場というか公園のようなところには、必ずカササギがいた。学会初日の前日が建国記念日だったそうで、公園のあちこちにゴミが落ちており、カササギはこれを狙っていたのだ。日本でも佐賀県の吉野ヶ里《よしのがり》遺跡で見たことがあるが、見たと言っても屋根に止まって彫像のように動かない姿と、飛び去ってしまう一瞬の後ろ姿だった。生きて動いているところを長時間ちゃんと見るのは初めてだ。

カササギは案外、地上性の強い鳥だった。オナガ並みに長い尻尾《しっぽ》を持っているくせに、平気な顔で地面に降りてくると、テクテク歩いてゴミを漁《あさ》っている。オナガも地面では同じようにするが、歩くとき、尻尾は上にはね上げたままだ。邪魔じゃないんだろうか。どうにも効率が良さそうには思えない行動だが、カササギがユーラシア全域に広く分布することを考えれば、あれで別に困ってはいないのだろう。そして、オナガと同様に、開けた場所と樹木の混じった、公園みたいな場所が好きなようだ。あの長い尾は一体、何のためにあるのだろう?

本物のカラス、カラス属のカラスは、ほとんど見かけなかった。ドナウ川の岸にズキンガラスが何羽かいるのを見ただけだ。水辺に集まっていたので、何か、餌が流れ着いていたのだろう。だが近づこうとするとすぐ逃げてしまったので、観察はできなかった。ブダペストは、日本の常識からすると驚くほどカラスの気配の薄い街であった。

そう思っていたある日の朝、もう通い慣れてきた石畳の道を会場に向かって歩き、中央市場の向かいに出て、ドナウ川にかかる「グリーン・ブリッジ」の方に曲がったときである。

道端のベンチに鳥がいるのに気づいた。大きさはハトくらいだ。黒っぽくて、ちょっと灰色。カササギほど細長くも白黒でもない。ドバト？　いや、違う。ハトのプロポーションではない。もっと頭が大きい。日本では見たことのないシルエットだ……そう冷静に判断しながら、直感的に「あいつだ！」と気づいていた。デイパックから双眼鏡を引っ張り出し、上着のポケットからデジカメを取り出す。

黒い体。頬から首にかけては白っぽい。体型はずんぐりして、ムクドリのようだ。だがムクドリほど細長い顔はしていない。銀白色の虹彩《こうさい》に黒い瞳。短いくちばし。だが、くちばしの根元から鼻孔を覆う鼻羽は、カラス科の特徴である。それはまぎれもなく、ニシコクマルガラスだった。『ソロモンの指環《ゆびわ》』で読んで以来あこがれ続けていた鳥が、今、目の前に！

『ソロモンの指環』は動物行動学の始祖、コンラート・ローレンツの名作である。彼は数々の動物を観察したが、ニシコクマルガラスのペア形成に関する一章は大変にドラマティックだ。ローレンツ曰《いわ》く、オスのニシコクマルガラスは騎士のように堂々と、かつ恭しく《うやうや》メスに求愛するという。

ニシコクマルガラスはベンチにのって何かをつついていた。小さすぎて何かわからないが、おそらく、誰かが朝飯を食べこぼしたのだろう。カメラを構えるが、残念、このデジカメはズームが効かない。持っていた双眼鏡の接眼レンズに押し付け、無理やりシャッターを切る。さらに近づいて、もう一枚。途端、ニシコクマルガラスはサッと体の向きを変え、飛び立った。夢中で双眼鏡+カメラで追いながらシャッターを切る。ニシコクは木に止まり、ちょいちょいとくちばしを枝にこすりつけ、再び飛び立って、石造りのアパートの向こうに消えてしまった。

カラスを見送ってから、あわててデジカメの画像を確かめる。1枚目は後ろを向いているので肝心の頭や首が見えず、「黒っぽい鳥がいる」としかわからない。2枚目は一応、ニシコクマルガラスとわかる鳥がベンチにのっているのが写っていた。そして無茶な流し撮りをした3枚目には、ブレブレではあったが、ニシコクマルガラスが羽ばたいている姿が奇跡的に収まっていた。人に見せられる写真ではないが、とりあえず、旅の思い出にはなる。次にヨーロッパに来るときには、もっといい写真をバシバシ撮ってやろうと決めた。

バイオリンが響く夜

ハンガリー滞在は特に困ったこともなく、初海外は拍子抜けするほど過ごしやすかった。気温は30度くらいまで上がるが、湿度が低いので楽だし、夜は涼しい。京都の残暑よりよっぽど楽だ。

食事はやや塩気が強いが、口に合わないということもない。ホルトバージ・パラチンタという、クレープにひき肉などを包んだ料理（パラチンタはクレープ包みという意味で、クリームや果物を包んだものもある）。絶品だったナマズのフライ。ハラースレーというコイのスープ。こういった独特な食べ物もある。ハンガリーには海がないので、淡水魚をよく食べるのだ。宿のバイトの兄ちゃんに「ハラースレーならあそこがいい」と教えてもらったセゲドというレストランは、確かにおいしかった。

定番とも言えるグヤーシュ（ハンガリアン・グーラッシュ）はシチューというより牛肉とジャガイモのゴロゴロ入ったスープで、パプリカで真っ赤だ。パプリカだから別に辛くないだろうと思って食べていたら、じんわり辛くなってくる。水は最初のうちこそ警戒してミネラルウォーターを買っていたが、しまいに面倒になって水道水を飲むことにした。別に問題なく飲める。

一つ不満があったとしたら、思ったよりパンがおいしくないことだ。市場のパン屋でいろいろ試したが、1個10円ほどの一番安いコッペパンみたいなのが一番うまかった。よし、ではチーズを、と思ったら、チーズは意外に高い。そのなかでえらく安いのを見つけ、「それをくれ」と言ったら「テーバイだぞ、いいのか」みたいなことを言われた。なんのことかわからないが「いいよ」と買い、ベンチに座っていそいそと開けてみたら、それはバターであった。まあいい。私はポケットナイフでバターを切り取り、パンに挟んで、リンゴと一緒に食べた。リンゴは1キロ100円である。

ハンガリーは英語が通じない、というのは、少なくとも当時は本当だった。宿の近くの大通りは観光客が多いせいか英語が通じるのだが、そこから通り一本ごとに通じなくなっていき、10分も歩くとまったく通じなくなる。しかし、なかには例外もある。

ある日、やはり学会に来ていた後輩（オーストラリアにいたことがあるのでオージーとしておこう）と一緒に学会会場を出て街の中心の方に歩いていたら、突然、老人に声をかけられた。公園にたむろしていた老人たちの一人だ。爺《じい》さんはしわがれた、塩辛い声で何か言ったのだが、とっさのことで私は聞き取れなかった。ん？　と思ったら、オージーがこっちを向いて「今、イタリアーノって言いませんでした？」と言った。

「たぶん、イタリア語で『イタリア語話せるか』って言われたんだと思いますよ」

なぜイタリア語？　イタリア人っぽいと思われたのか？　ハンガリーはイタリアに近いから、観光客も来るだろうが。考えてみればオージーも私も天然ウェーブの黒髪だ。そして、オージーは特に背が高い。しかも二人ともサングラスをかけているので人相がよくわからない。イタリア人に見えなくもない、か？　研究室で一番いかがわしいオージーのせいでチンピラマフィアだと思われたのだろうか。

そう思っていたら、爺さん、今度は「英語はわかるか」と英語で聞いてきた。英語はわかると答えると、爺さんはニッと笑って言った。

「すまんが、タバコくれ」

一本抜いて渡すと、「サンキュー、サンキュー」と言って立ち去りかけた爺さんが立ち止まり、また戻ってきた。

「友達もいるから、もう一本くれ」

もう一本渡すと、爺さんは一本を耳に挟み、もう一本を手に持つと、悠々と仲間のところに戻っていった。タバコを耳に挟むって世界共通なんだなあ、と思っていたら、オージーが口を開いた。

「あの爺さん何者ですかね」

「急激に市場経済化しただろうから、老後の金がない人もいるんじゃない？」

「でもイタリア語しゃべれましたよね」

「わりと近いから、イタリアの観光客はよく来るんじゃないかな」

「で、英語もできるんですよね」

「確かに妙だな。英語通じにくい国なのに」

船乗りも考えたが、ハンガリーには海がない。すると、オージーが名案を出した。

「失業したスパイですかね？　ＫＧＢ《カーゲーベー》的な」

「それだ」

別の日の夜、宿に帰る途中、地下道を通った。おや音楽が、と思ったら、一人の老人が足元に帽子を置き、バイオリンを奏でているのだった。私には演奏の良し悪《あ》しも、曲名すらもわからなかったが、薄暗い地下道で影のように独奏を続ける老人は、この古い街の景色にすんなりと収まり、はっきりと印象に残った。

ブダ・ガーデンの一夜

さて、一週間の学会は折り返しを過ぎ、その夜は懇親会だった。

懇親会はドナウ川を航行する遊覧船で行われた。白いヒゲの立派な大会委員長が「ではみなさん、いつもと同じように過ごしてくださいね。つまりパーティです！　はい、飲んで、踊って！」と実にフランクである。

ちょうど近くにトマス・バグニャーがいたので、彼にカラスの話を聞いた。ところがなにせ筋金入りのカラス研究者のこと、ワタリガラスの知能について話しだすと止まらなくなり、どんどん早口になる英語で「こいつがこうするだろ、そうしたらこうするだろ、だからこうなると思うだろ？　違うんだよ！」とまくしたてるので、こちらの耳が追いつかない。どうやら「ワタリガラスは他人が見ているかどうかを気にして餌を隠すのがどうたらこうたら」および「自分で餌を探さずに他人をどうこう」という内容であると理解したが、詳細はよくわからなかった。バグニャーが「ヤツらはクールだ、ほんとにクールなんだ」を繰り返し主張しているのと、彼がワタリガラスの認知能力に心酔していることはよくわかった。そのときにバグニャーと並んで写った写真を、今も持っている。

なお、彼がその夜語っていた（らしい）内容は論文にまとめられ、それを読んでやっと何を言いたかったのかわかった。ワタリガラスは他個体が見ているかどうかによって、貯食行動を変化させる。他個体が見ている条件下では、貯食しかけてやめる、貯食の場所を変えるといった行動の頻度が上がるのだ。これは貯食場所をわかりにくくし、餌の盗難を防いでいるのだと考えられる。さらに、ケージの窓が開いていて「見られたかもしれない」という状況でも、ワタリガラスは貯食を移動させる頻度が上がることも示された。これはつまり、「見られている」という直截《ちょくせつ》的な刺激のみならず、「窓が開いているということは、あそこから見えるはずだ。ということは見られた可能性がある」という、仮定に基づいた推論もできることを示している。

貯食を分捕《ぶんど》るほうも、見ていないフリをしてちゃんと見ておき、後でこっそり盗みにゆく。ひどいやつになると、自分より弱い個体に餌を探させておいて、見つけた途端に力ずくで横取りする。ここまでくるともはや悪徳企業だ。

このとき、バグニャーに話しかけたのは、もう一つ「あわよくば」という期待もあったからだ。私は帰りにもウィーンを通る。彼らがワタリガラスを研究しているコンラート・ローレンツ研究所も同じオーストリアにある。ひょっとしたら見学できないだろうか？

ダメもとで聞いてみると、バグニャーは「うーん」と考え込んだ。

「もちろん来てくれるのは問題ないんだが、研究所はウィーンからは遠いんだ。君のスケジュールだと移動は無理じゃないかな」

あら。そんなに離れているのか。それから、彼はさらに続けた。

「あと、僕はその日は休むつもりだ。1週間も家を空けていたからね、家族と一緒に過ごす時間を作らないと妻に殺される」

懇親会も終わり、船はまずドナウの西岸についた。私たちの宿は反対側だが、知り合いになった研究者たちが何人か「遊びに行こうぜ！」と声をかけてくれた。うん、どうせパーティだ。行っちゃえ。

どこに行くのかと聞くと「そりゃブダ・ガーデンだよ！」との答え。ブダ庭園？　そりゃまあ、ここはブダ地区だが。なんだかわからないまま連れてゆかれたのは、なんというか、ワケのわからない場所だった。

ちょっとした運動場ほどの空間に東屋《あずまや》があり、ヤシの葉で葺《ふ》いた小屋みたいなものがあり、あっちこっちでビールやカクテルを売っている。スピーカーからはガンガンに音楽が鳴り響く。頭上に張り巡らされた電飾。真ん中には土俵のようなディスコスペース。そして、異彩を放つのは、広場を見下ろすキンキラキンの大仏である。ブダ・ガーデンじゃなくて、仏陀《ぶつだ》ガーデンだったのかよ！　と思ったが、店の看板はブダ・ガーデンだ。豪快なるダジャレらしい。とにかく、それで草葺屋根の意味もわかった。たぶん、タイあたりのビーチリゾートのイメージなのだ。

ここでコンラート・ローレンツ研究所の人と話をしたり、ケンブリッジ大の人たちと話をしたりしていたのだが、もとの場所に戻るとモッチーがいない。おまけに私と彼のデイパックが置きっぱなしだ。いくらなんでも不用心だ。私は荷物を両手に持ち、あたりを見回した。途端、隣の東屋から「あ、松原さーん」と能天気な声をかけられた。モッチーめ、こんなとこにいたのか。「荷物置きっぱなしは危ないぞ」と言おうとしたら、酔ったらしくニコニコ顔のモッチーが手招きし、「ねえねえ、こいつらイタリア人だって！」と叫んだ。なんだか知らないが、ここで飲んでいたイタリアの観光客3人と仲良くなったらしい。彼らのうち英語を話せるのは一人だけだったのだが、なに、イタリア人相手に英語はいらない。私は両手を広げて叫んだ。

「ピッツァ！　パスタ！　セリエA！　フェラーーリ！　マセラティ！　フィアット！　ドゥカティ！　ブラーヴォ！」

彼らは大喜びでビールを奢《おご》ってくれた。

音楽の都のケバブ

さて、帰りもまた、ウィーン経由である。何かあったときのことを考えて、学会終了から1日余裕をみたフライトを予約してあった。というわけで、まずはウィーンに行き、一泊することにした。せっかくだから音楽の都を見物せねば。

到着したのと同じ、ブダペスト東駅でウィーンまでの切符を買う。売り場に行くと、私の前にアメリカ人らしい男性二人連れがいた。一人が切符を買おうとして札を出すと、窓口のオバちゃんがしげしげと札を眺め、突き返した。角がちぎれているので受け取れない、ということらしい。アメリカ人はうんざりした様子でもう一人に「お前金持ってるか」と聞くも手持ちがない。彼は「ほかにないんだ、これくらいいいだろ！」と押し付けようとしたが、オバちゃんは頑として受け取らず、とうとうピシャンと窓口を閉めてしまった。もっとも、この旅行者もずいぶんと横柄《おうへい》な態度だったが。

幸い、私はこういう、木で鼻をくくったような態度には出会わなかった。むしろみんな親切だった。それどころか、銀行で両替したときに受取証のサインを褒められたのはハンガリーだけである。どうやらアジア人が筆記体を書けたのに驚いたようだ。いい国だったなあ。

ウィーンに到着し、駅のインフォメーションでモッチーがホテルマップをもらってきた。彼はどこか泊まりたいホテルがあるという。私はそれより鳥を見ていたいので、ここから別行動ということにした。どうせ帰りの飛行機は同じだから、駅か空港で会うだろう。

駅から出ようとするとホステルの呼び込みに遭遇。一瞬警戒したが、さっきもらったホテルガイドにも掲載されていたところだ。まあ大丈夫だろう、と付いていくと、駅近くのこぎれいなホステルに案内された。「安い部屋のほうがありがたい」と言ったら4人部屋に入れてくれたが、「今は誰もいないから一人で使えるよ」とのこと。

ホステルのベッドに座って地図を眺める。鳥を見るならどこがいいだろう。ドナウ河畔という手もあるが、車窓から見た限り、「すごく鳥がいそう」という感じではなかった。それにドナウ川はハンガリーで見た。よし、ではシェーンブルン宮殿に行き、庭園を見て動物園を覗いてこよう。

駅までてくてく歩いてゆくと、途中でアジア人の若い女の人がひどくためらいながら「ここに行きたいのだが」と英語で声をかけてきた。残念ながら私もウィーンの土地勘はまったくないので、英語でそう伝えた。だが、その人がためらっていたのはたぶん、「こいつ日本人っぽいけど日本語でいいだろうか、でもここはヨーロッパだから違うかもしれないし」という理由であったろう。英語の癖や受け答えの様子、ちょっとした仕草が、どう見ても日本人だったからである。だったら日本語で答えてあげればよかったのにと言われそうだが、私のほうも「こいつ日本人っぽいけど日本語でいいだろうか、でもここはヨーロッパだから違うかもしれないし」と考えていたので仕方ない。

さらに駅に向かってあまり人通りのない道を歩いていると、後ろからドイツ語で声をかけられた。最初は何を言われているのかわからず、無視しようと思ったら、足早に迫ってきた。何か同じフレーズを繰り返している。ん？ ツィガレッテ？

彼は上目遣いに笑いながら、人差し指と中指を立てて振ってみせると、言った。

「Haben sie Zigarette?（タバコ持ってない？）」

一本渡すと、にっこり笑って丁寧に礼を言って去っていった。ヨーロッパはタバコが高いせいか、やたらにねだられる。

駅前にケバブスタンドを見つけた。少し前に学会でウィーンから東欧を旅行した友達の情報によると、「ウィーンではケバブしか食うな」とのこと。レストランはひどく高く、ケバブならリーズナブルで味もいいという話だった。よし。

メニューをちらっと見て、ケバブラップロールをくれと頼んだ。安いし、立ったままでも食べやすそうだ。

もじゃもじゃ眉毛のおっちゃんはうなずくと、用意を始めた。そして、クレープみたいな生地に肉をのせてから、こっちを向いた。

「Mit allem Salat?（野菜は全部入れるか？）」

ヤー、と答えると、おっちゃんは「お前ホントにわかってる？」とでも言うように片眉を上げた。いや、ちゃんと聞こえたし、意味もわかったぞ。ドイツ語を習ったのはずいぶん前のことだし使ったこともないが、周囲のドイツ語で耳が慣れて思い出したようだ。

「Ja, mit allem」

ドイツ語で返すと、おっちゃんはフンフンとうなずいて作業を続けた。それから、ドイツ語でさらに何か聞いてきた。

まずい。これはまったくわからん。

おっちゃんは私が理解していないのを見てとると、まずケバブを指差し、足元を指差し、ケダモノのようにかぶりついて食いちぎるジェスチュアを見せた。それから、遠くを指差して首をかしげてみせた。「コレを、ここで、食うか？　持っていくのか？」という、見事な表現である。

大変に感心したので、私も足元を指差してから食いちぎる仕草をして、「ここで、食う」と「言った」。おっちゃんは「オーケー！」と言うようにうなずいて、手で持つところだけアルミホイルで巻いてから、手渡してくれた。やはり最後はジェスチュアと心意気である。

世界最古のウィーン動物園

動物園（ティアガルテン）はシェーンブルン宮殿の中に作られた王室の小動物園を元としており、世界最古の動物園とも言われている。芝生を黒っぽい動物が横切り、目の前でオークに駆け上がった。リスだ。人を恐れる様子もなく、枝の上をスルスルと伝っていく。

庭園から丘の斜面にかけて建設された動物園を見て歩いていると、枯れ木に1羽のカラスが止まった。逆光だが、真っ黒ではないように見える。目をこらして色を確かめると、首から胴体が白っぽい。おお、ズキンガラスだ！　続いて園内に舞い降りている3羽を発見。閉園時間が迫って来園者が減っているせいか、堂々とその辺を歩いて餌を探している。行動は非常にハシボソガラス的だ。ズキンガラスはブダペストでも見たが、今回は距離が近い。

ちなみに、翌朝、王宮の庭で観察したら、地上に降りる頻度や地上滞在時間は京都で観察したハシボソガラスと同じ範囲だった。やはりズキンガラスはハシボソにごくごく近縁な種なのだ。だが、日本のカラスと違い、街でゴミを漁っている姿は見ない。ハシボソガラスだってゴミを漁るから、ゴミがあるのに無視しているなら、それはちょっと奇妙だ。

そう思って見ていると、その理由がわかった。ウィーンの歩道にはそれなりにゴミが落ちているが、紙くずみたいなものが多く、カラスが食えそうなものはあまり見かけないのだった。家庭ゴミはというと、巨大なダンプスター（蓋《ふた》つきのゴミ箱）が道端にあって、ここにまとめて捨てるようだ。なるほど、カラスがゴミを漁りたくても、あまりいいものは落ちていないのだ。あと、犬を連れている人が多いせいか、犬の糞《ふん》がやたらに落ちている。

カラスがゴミを漁るチャンスは一瞬だけ、回収車がゴミを持ってゆくときだ。この街の回収車はダンプカーみたいな形をしており、アームを伸ばしてダンプスターをひっ摑《つか》み、えいやっと持ち上げて荷台の上でひっくり返して中身をぶちまける。この荒っぽい方法のせいで、回収した後にゴミがこぼれるのである。観察していたときも、庭園の外で回収車のアームが作動する「グオーン」という音が聞こえた瞬間、10羽ほどのズキンガラスが一斉に飛び立ち、塀を飛び越えて突撃していくのを観察した。

さて、話を動物園に戻そう。オーストリアといえばローレンツのお膝元だが、そのわりにはニシコクマルガラスを見かけない。私の探し方が悪いのか、目が慣れていないので視野に入っても気づけないのか？　ハンガリーでも一度しか見なかったし、相性悪いんだろうか。

そう思いながら、オオカミを飼っているところまで歩いて登った。

この動物園は全体に「動物が必ず見られる」という雰囲気ではない。飼育スペースが広いうえに隠れ場所が多くて、探さなければ見えないようになっている。

展示全体が「自然状態でその動物がどのようなものか」に重点を置いているらしく、たとえばパンダは竹林の中にいて、探せばその中のどこかにいるのだった。丘を登ってゆくコースの途中には土中の生物やキノコが生態系の中で果たす役割の重要性を説明したパネルなどもある。

残念ながら、こういった展示の理念や意識という点では、日本の動物園は見劣りすると言わざるをえない。いや、その責を動物園にのみ求めるのは間違いだ。運営母体や来訪者側がそういった方法や出費を受け入れるだろうか？　だが、本来、相手は生きた動物であって、見世物でも映画でもないのだ。

オオカミの森は斜面をひときわ広く使ったエリアだった。本来、オオカミは広大なテリトリーを集団で走り回る生き物だ。せめてこの程度の広さがなければ退屈してしまうだろう。また、もともとヨーロッパの森林に住んでいた動物なのだから、まさに「ヨーロッパの森林」に放すのは、展示手法としても正しい。

オオカミエリアには、フェンスの内側に突き出すような形で二階建てのロッジがある。ヴォルフスブリック（英語ならウルフ・ビューといったところ）という名で、二階の窓から森の中を歩くオオカミが観察できる、という趣向であった。入ってみると、中にはいくつもパネル展示があり、オオカミの現状などが書いてあるらしかった。

ある地図が示していたのはヨーロッパでオオカミが生き残っている地域だ。ヨーロッパじゅうで害獣として狩られ、森林の消滅によって追い詰められたオオカミは、各地の自然保護区など、ごくわずかな場所にしか残っていない。チェコに約20頭、スロバキアに350〜400頭、ハンガリーに50頭……大平原《プスタ》にはまだオオカミもいたのか。スロベニアからクロアチアあたりに数十頭。イタリア北部の400〜500頭は、アブルッツォ国立公園の個体群だ。オーストリアに向けて矢印が描いてあるのは、スロバキアとスロベニアからオオカミを再導入する計画があるということらしい。イタリアの個体群はかつてオーストリアにいたものとは別亜種とされており、分布図でも色分けされている。頭数が多いのにイタリアから導入しないのも、おそらくそれが理由だ。むやみに遺伝的な混乱を引き起こすべきではない。

もちろんオオカミの再導入は平坦な道のりではないだろう。アブルッツォ国立公園では家畜がオオカミに襲われることがあるし、フランスでもポーランドから来たらしいオオカミが家畜を襲ったという例がある。それでもオオカミを復帰させようという結論になるか、やはりやめようという結論になるか、それはわからない。

小屋を出て、斜面を見たら、そこにオオカミがいた。

オオカミは白かった。そして、餌を前にして、コテンと横になって寝ていた。よく見たらもう一頭、黒い個体もいた。こっちもやっぱり寝ている。オオカミは体色変化が激しく、真っ白から真っ黒までさまざまな毛色のものがいる。

さて、オオカミが寝ている姿はまるっきり、イヌであった。ポチと呼ぶには大きすぎるし、尻尾が巻いていないとか、額段《がくだん》が目立たないとか、よく見ればイヌとの違いはあるのだが、どれも完全に区別できるものではない。鼻っ面《つら》の長い品種なら、こんな姿のイヌはざらにいる。

双眼鏡で見ていると、時々、耳がぴくっと動いたり、鼻先がひくひくしたりしているのも、昼寝しているイヌにそっくりだ。寝顔を見ている限り、オオカミがあれほど忌み嫌われた理由がさっぱりわからない。

オオカミの近くにズキンガラスが舞い降りてきた。この個体は黒っぽく、ハシボソガラスと区別がつかないが、分布からしてズキンガラスだろう。オオカミから数メートル離れ、そっぽを向いて「え？　僕は何も知りませんよ？」といった顔で歩いている。だが、わざとらしく餌から一定の距離を保ったまま歩いているのは、食べたくてたまらないのに怖くて近づけないからだ。カラスの行動は時として、呆《あき》れるほど素直である。

オオカミが寝ているのを確かめると、カラスはピョンと飛び跳ねて倒木の上にのり、それでもオオカミが動かないので、餌に近づいて食べ始めた。それを見てもう一羽のズキンガラスもやってくる。

霧が流れ込んで小雨に煙るオークの森は、晩秋の雰囲気だ（夏の終わりだったが）。薄暗く寒々しい、ゴシックホラーな世界である。

ここで、市内に夕方の定時を告げるサイレンが響いた。その途端、2頭のオオカミはスッと立ち上がった。起きて目を開けた姿は寝ていたときとはまったく違い、緊張感が漂って俊敏そうだ。黄色い目が空を見据え、鼻面が上を向き、腰を落とした。

オオカミは遠吠《とおぼ》えを始めた。すぐにもう一頭も加わる。イヌの遠吠えとほぼ同じだが、ワンワン、キャンキャンといった声は一切入らない、長く続く「ウォーオーーン」だ。出だしは低いが、すぐに裏声のような高い音になり、暗い森の中に、遠吠えのデュエットが絡み合いながら響き渡る。

これを聞いた瞬間、ゾクリと鳥肌が立った。かつて、ヘンゼルとグレーテルが聞いたのは、こんな声だったのだ。間もなく、森は闇に沈む。日本語では逢魔《おうま》が時《とき》。フランス語では「entre chien et loup（イヌとオオカミの間）」、相手がイヌなのかオオカミなのかわからない時刻、まさに「たそがれ」時というわけだ。黄昏とも書くが、本来の意味は「誰《た》そ彼《かれ》」、「あれは誰だ」である。見慣れていた日常と入れ替わりに、闇と魔の彷徨《さまよ》い出る時刻が、迫ってくる。そして、そこにオオカミがいて、こちらを見ている。中世の農民がこの声をどれほどの恐怖とともに聞いたか、多少は理解できた。雨上がりの秋の夕方、その陰鬱《いんうつ》でヒヤリと湿気を含んだ空気を肌で感じただけでも、ここに来た意味があった。

夕暮れの霧の中で

夕方のウィーンを歩く。

街の一角にタキシード姿の二人組がいて、一人はオーボエらしい管楽器を持ち、もう一人がバイオリンを弾いている。いかにも「音楽家」然として、さすがウィーンは音楽の都と感心した。だが、ヨーロッパの土や風に根ざした音楽文化という意味では、ブダペストの地下道で聞いた、みすぼらしい爺さんのバイオリンのほうが、私の記憶には残っている。

ウィーンに来たからには試したいものがいくつかあった。まずはカフェでウィンナーコーヒーを飲むこと。それからザッハートルテだ。

かくして、私はまず、石畳の大通りのド真ん中にあるカフェに座った。ウィーンではウィンナーコーヒーとは呼ばないと聞いた。メニューの一番上のアインシュペーナーが、それっぽいものだったはず。

通りかかったウェイトレスのお姉さんにコーヒーを注文し、「あ、それとザッハートルテを」と言うと、お姉さんはウンウンとうなずいてハンディに注文を打ち込んだ。よかった、へたなドイツ語が通じた。

アインシュペーナーは取っ手付きのグラスに温かいコーヒーを注ぎ、たっぷりのホイップクリームをのせたものだった。本場のザッハートルテは日本で食べるよりビターで、どっしりしたチョコレートケーキだ。しかも、中に挟んであるジャムが歯にしみるほど甘い。おいしいのだが、ちょっとばかり重い。

それからしばらく、街をぶらついてカラスを探したりしたが、見つからないまま、じきに日暮れになってしまった。だいたい鳥そのものが見当たらない。カラスも探しようがない。本屋を覗いたりして時間をつぶしつつ歩き回ったが、あまり空腹を感じない。これは、さっきのザッハートルテのせいである。思ったより腹にたまったようだ。

そう思っていたら、通りのド真ん中に先ほどまでなかった屋台が出ているのに気づいた。ビールだ。ヴルスト、つまりソーセージの文字も見える。

白ソーセージとビールを頼んだ。スタンドは小さな箱型だが、周囲に狭いテーブルのような台が作りつけられており、ここにグラスや皿を置いて飲めるようになっている。

ビールは300ミリリットルだった。律儀にもグラスにちゃんと書いてあるから間違いない。しかも上から5センチほどのところに線が引いてある。「泡はここまで」の印だ。さすが、ドイツ文化圏は何事も几帳面《きちょうめん》である。

ソーセージを齧《かじ》りながらビールをちびちび飲《や》っていると、賑《にぎ》やかな家族連れがやってきた。お父ちゃんお母ちゃん子供3人に爺ちゃん婆ちゃん、あと叔母さんだろうか？　口にしているのはドイツ語ではない。どうやらイタリア語だ。

家族でひとしきり会議を行った後、お父ちゃんはイタリア語で注文を始めた。スタンドの兄ちゃんは目を白黒させているが、一応、指差しながらなので通じているらしい。と思っていたら、お父ちゃんはピクルスを抜けだの（たぶん）、いろいろと注文をつけ始める。

あたふたしながらホットドッグを作っていた兄ちゃんが、「ケチュプ・ウント・ゼンフ」はいるか、と聞いた。もちろん、お父ちゃんには通じない。英語で言い直すが、これも通じない。兄ちゃんは両手にケチャップとマスタードを持って、ホレ、と彼らに見せた。お父ちゃんは破顔してウンウンとうなずくと子供に何か聞き、「マスタードは少しにしてくれ」と言った（指で「ちょっとだけ」と示していたので、たぶんそうだろう）。

なんにしても、ドイツ語も英語もまったくわからないのに堂々と人数分バラバラな注文を、何のためらいもなく母国語でこなし、しかも当然のようにマスタード少なめだのピクルス抜きだのとカスタマイズできるイタリア人の図太さには、いっそ感心した。もっとも森下さんによると、シベリア鉄道の駅の物売りにも日本語で「おばちゃんおばちゃん、コレちょうだい！」と言えばなぜか通じたそうだから、要は、度胸だ。やりたいことが通じりゃいいのである。

さて、その覚悟は、さっそく翌日試されることになった。

空港行きの特急のチケットは1200円ほどだった。手持ちのユーロが心細いのでクレジットカードで購入したのだが、券売機の反応が予想の10倍くらい遅かった。操作ができていなかったのだと思ってやり直したら、そのころになってチケットが出てきたのである。あれ？　と思ったら、もう一枚同じチケットが出てきた。ちくしょう、2枚買っちまった！

ホームにいた駅員に「これ、払い戻せる?」と聞くと、彼女はあっさり「誰かに売れば?」と提案した。そうだ、それだ!

よし、ではこれから切符売りだ。シャツのボタンをとめて、それなりにちゃんとした格好を整える。と同時に、ザックを担いで「僕は詐欺師じゃなくて旅人です」感も演出することにした。それから、券売機の横で、誰かが切符を買いに来るのを待った。

一人目は裕福そうな紳士であった。彼はきちんとこちらの話を聞いてくれたが、「すまない、私は荷物が多いので、そのチケットでは乗れないんだ」と丁重に断られた。二人目の女性には、話をする前に「なにこいつ」みたいな顔で断られた。

そして、次が、親子らしい女性二人であった。お母さんは英語が話せなかったが、幸い、娘さんは英語が通じた。なるべく好青年を演じつつ、「間違って空港行きのチケットを2枚買ってしまったんです、1枚余っているので買い取ってくれませんか」とお願いしたら、快く応じてくれた。

ウィーンはなかなか、いい街であった。

もっとも、ウィーンで一番印象に残っているのは、こういった出来事ではない。

動物園でオオカミを見た後、霧の流れる道を下っていたときだ。白く閉ざされた世界に、フワリと人影が見えてきた。私の前を歩いているのは、ホラー映画から抜け出してきたような、黒いケープに身を包んだ二人の少女だった。プラチナブロンドと赤毛の彼女たちは手をつないだまま歩いていたが、足音に気づいたのかチラッとこちらを振り向いた。この世のものとも思えない、まるで美しい人形に魔術師が仮初《かりそ》めの命を吹き込んでそこに置いたような姿に、私は息を飲んで立ち止まった。振り向いた彼女たちは、見慣れないアジア人が目を丸くして見ているのに気づいたのか、ブルーグレイの瞳で悪戯《いたずら》っぽく笑い、立ちすくんでいる私を置いて、霧の中に姿を消した。

あれが現実だったのか、ハプスブルク家の亡霊が見せた幻だったのか、それは今もって定かではない。

第3章　カラス旅での出会い

知床のワタリガラス

とにかく会いたくて

「ワタリガラス、見たいですよねえ」

2011年の1月、私はそう言った。

「見たい！」

森下さんはそう答えた。

ワタリガラスは世界最大のカラスだ。正確に言えばオオハシガラスなど、ほぼ同大のカラスがいるから、世界最大「級」となるか。ユーラシアからアメリカまで広く分布し、あちこちの神話に登場する神秘の鳥でもある（いくつかの亜種に分かれているという議論もあるのだが、少なくとも北米では2亜種に分かれたあと、再び交雑して1集団に戻るという不思議なことが起こったようだ）。バーンド・ハインリッチの『ワタリガラスの謎』を読んで以来、一度は見てみたい鳥であった。

世界最大級とはどれくらいかといえば、全長63センチ、翼開長《よくかいちょう》は120センチ、体重1・2キログラムに達する。日本の都市部でよく見られるハシブトガラスが最大で全長56センチ、翼開長は100センチ、体重800グラム程度だから、どれほど大きな鳥かわかるだろう。全長はノスリ並み、翼開長は日本産のオオタカより大きいくらいだ。翼が長いのは、おそらく、飛行距離が長いことと関係している。日本のカラスもねぐら入りのために数十キロ飛ぶことがあるが、ワタリガラスは一日の間に100キロも離れたところまで放浪し、また戻ってくるとしている文献がある。寄り道せずに飛んでも往復200キロ。効率よく飛ばないと大変だ。

前章でも触れたが、ワタリガラスの高い認知能力や社会性については、飼育下で多くの研究がある。彼らは他個体の行動を見て、紐《ひも》の解《ほど》き方を学習することができる。他者の視線を意識し、他個体に見られている場合は餌の隠し方を変える。そうやって上手に餌を隠しても、餌にありつけるとは限らない。自分より弱い個体に餌を探させておいて、そいつが餌を見つけたら分捕《ぶんど》るという個体までいる。

この抜け目なさのせいだろうか、北米先住民の伝説では、ワタリガラスは神とされていることがある。ただし、時にいたずら好きで狡猾《こうかつ》、しかも必ずしも人間に友好的とは限らない、野性的な神である。

ある神話によれば、最初にワタリガラスは石から人間を作った。だが、それでは人間が死なないため、世界は人間だらけになってしまった。そこで落ち葉から人間を作り直し、適当に死ぬようにした。また別の神話では、最初に作られた世界では水は高い方にも低い方にも流れ、木には脂肪の塊が実り、人間は何もしなくてもよかった。それでは人間が堕落してしまうので、神はカラスを呼び（あるいは神であるカラス本人が）、この世を適当に不自由にした。カラスは今もイタズラすることで、人間がだらけないようにしているという。

一方、野外でのワタリガラスの行動は不明な部分も多い。オオカミの群れを追跡し、そのおこぼれにあずかるのみならず、オオカミを獲物のところまで誘導するという根強い意見もある（残念ながらまだ確証はない）。また、バーンド・ハインリッチの一連の研究によると、若いワタリガラスは大きな餌を発見したとき、大声で鳴きわめいて仲間を呼びあつめる。これは縄張りを持った繁殖個体に邪魔されないよう、集団を作って安全に採餌《さいじ》するためである。彼らは社会的な協力体制を持っているのだ。

人里離れた森の奥にひっそりと営巣《えいそう》するかと思えば、アメリカ西部ではバーガーショップの裏でゴミを漁《あさ》っていることもある。森下さんはアメリカで一度だけワタリガラスを見たことがあるそうだが、車で市街地を通っているとき、案内してくれていた人がヒョイと道端の家の芝生を指差し、「あれ、ワタリガラスだよ」と言ったらしい。森下さんは確かに黒くて大きな何かを見たそうだが、「あんなのワタリガラスじゃない！」と力説する。庭先でパンくずを拾っているような庶民的なやつはワタリガラスと認めたくないらしい。うん、その気持ちは非常によくわかる。

このように大変魅力的なワタリガラスだが、日本では数の少ない冬鳥で、しかも分布は北海道東部が中心だ。大雪山《たいせつざん》でも見られることがあるようだし、秋田でも観察例はあるが、確率から言えば、冬の知床《しれとこ》や根室《ねむろ》が一番いい。噂《うわさ》によると、最近は北海道への飛来数が増えているのではないか、とのこと。もちろん、数が少ないうえ、広範囲に移動する鳥だから、数を推定するのは極めて困難である。あくまで印象だ。

ただ、もし増えているとしたら、エゾシカの個体数および駆除数が増えたことと関係するのかもしれない、とは言われている。エゾシカが増えれば死骸《しがい》も増えるし、駆除が増えればなおさらだ。どうしても狩猟残滓《ざんし》が出ることはある。なんにせよ、森の中に死骸が転がっているのを見つければ、死肉食性のワタリガラスは大歓迎なはずだ。

森下さんはさっそくネットを検索して、格安プランを見つけ出してきた。大きな温泉ホテルで2食付きなのに、シーズンオフのせいか激安だ。しかもレンタカーと航空券付き。

「行っちゃいましょうよ！」

かくして、私たちは1週間の知床ワタリガラス旅行に出かけることにした。

こう書くと「単に見に行っただけ？」と言われそうだが、そう、見に行ったのである。事前によほどきっちりと見るべき項目が決まっていなければ、いきなり現場に出かけて野外研究などできない。ワタリガラスのように、見られるかどうかもわからない相手ではなおさらだ。

もちろん、先行研究を読み込んで仮説を立て、その仮説にそって観察して結果を得ることはできる、かもしれない。だが、私としては「そんなのでちゃんと対象動物を見られるか？」とも思うのだ。先行研究はあくまで参考である。もちろん、科学というのは先行研究による論文を読み、その結果を正しいものとして前に進む。しかし、いくら論文を読んだところで、「自分の目から見て、ワタリガラスってどんなもの？」という感覚はつかめないのである。私が最初に欲しいのは、それだ。でなければエンジンが始動しない。興味、妄想、推論、気力、体力、そういったものを奮い立たせるための原動力が。こういう「見たい」は研究の始まりである。

ワタリガラスはいずこ

出発したのは2011年3月16日。あの震災の1週間後であった。東京のコンビニは棚に空白が目立ち、どこも灯火管制を敷いたように、節電のために照明を落として営業していた。

そんななか、信じられないが、飛行機はちゃんと羽田空港から飛んだ。そして、あっという間に女満別《めまんべつ》空港に到着した。この地域は震災の影響をほぼ受けず、コンビニにも商品が豊富に並んでいる。女満別で車を借り、斜里《しゃり》に向かう。美幌《びほろ》から内陸を走るコースだ。周囲は広々とした牧草地や農地。とにかく広い。そして、防風林を兼ねて茂っているカラマツ。

入り口に風除室を備えたセイコーマートに入り、ドリンクの棚に並ぶ紙パックのソフトカツゲンと缶ガラナ、そして「おにぎり温めますか？」の声に、「ああ、北海道に来た」と実感する。セイコーマートは北海道民の友とまで言われるコンビニだ（最近はファミリーマートが拮抗《きっこう》しているが、少し前まで絶大なシェアを誇った）。そして、ソフトカツゲンとガラナは北海道民のソウルドリンクで、かつ、ほかの地域ではまず見かけない。ソフトカツゲンはヤクルトみたいな乳酸飲料、ガラナはコーラみたいなもの（というか、打倒コーラを目指して作られたライバル）である。知床には「熊ガラナ」という強そうなバージョンも売られていた。

斜里へと向かう車中でザンギおにぎりを齧《かじ》りつつ（ザンギというのは下味が強めな唐揚げと言ってもよいのだが、道民は「ザンギと唐揚げは違う」と力説する）、友人に聞いた北海道あるあるを話題にした。

「こういう道を『県道』って言っちゃうのは北海道民じゃないってバレるらしいですよ」

「そうか、道道《どうどう》なんだ」

「あと、『道の駅』は『どうのえき』で、本州にあるのは『県の駅』だと思ってるのが道民」

外を見ていた私は、防風林のカラマツの上に黒く丸いものを見つけた。

「あ、巣がある」

「カラス?」

「たぶん」

「でもこの辺だとオオタカいるからなー」

森下さんがつぶやいた。なるほど。確かにオオタカの巣もあんな感じだったはず。空を見上げるが、さすがにオオタカが飛んでいるわけではなく、もちろんオオワシやオジロワシも飛んではいない。カラスがいるたびに目をこらすが、どれもハシブトガラスとハシボソガラスだ。妙に大きく見えるが、ワタリガラスではない。北海道のカラスはハシブトもハシボソもなんだか大きい気がするのだが、計測した人によると、そんなに変わらないという。ただ、妙に大きい個体がいることがあるので、その印象が残るのではないか、とのこと。でも、やっぱり大きく見える。雪の中で比較対象がないせいか、あるいは空気が澄んでいて見え方が違うとか?

「ワタリガラスってどんな感じなんでしょうね」

「でっかいって」

森下さんは、あっさり答えた。

「あと、変な声で鳴いてるから、いれば絶対わかるって言われたの」

「変な声っすか」

「どんな声?　って聞いたら、『とにかく変な声』って言われたんだけど」

そう聞いて、ハインリッチの本に書いてあったことを思い出した。

「そういえば、アメリカの森の中で老練なハンターにも正体がわからない声がしたら、だいたいワタリガラスだって言われてるらしいですよ」

とはいえ、一体どんな声なんだろう?

斜里の町から、海岸沿いにウトロへと向かう。途中、オシンコシンの滝というところがあった。ちょうどいい、休憩する。ついでに川を見て驚いた。水が流れ下っていたらしい岩場が完全に凍結している。そうか、冬の知床ってこういうところか。カラリと乾いた気候のせいか、冬の京都のような底意地悪い冷えは感じないが、確かに寒いのだ。その証拠に、手袋を外すとたちまち感覚が失《う》せてきた。素手で金属に触れると凍結してへばりつきかねない場所だ、と自分に言い聞かせる。

海は暗い。流氷は見えないが、そこここに凍った飛沫《ひまつ》が残っている。暗い色の砂利浜には雪と氷。そこに、白く砕ける波が打ち寄せてくる。演歌が頭に浮かんだが、ここは竜飛岬《たつぴみさき》も函館もはるかに過ぎ、すべてが凍りつくような世界だ。冬の知床は『知床旅情』なんて牧歌的な景色じゃない。ドドドーン、という海鳴りが腹に響く。

ふり仰ぐと、上空に黒い大きな影があった。

「!」

慌てて双眼鏡を向ける。黒くて大きいということは!

違う。翼の前縁《ぜんえん》が白く、尾羽も白い。よく見ると腰のあたりもU字形に白いのがわかる。翼は長い楕円形《だえんけい》で、メガネのようだ。これはオオワシだ。

「チッ、ワシかよ」

言ってから、神をも恐れぬ罰《ばち》当たりな言葉を口走ったと気づいた。オオワシをちゃんと見るのは初めてだ。しかもオオワシの分布は極東高緯度地域の海岸に限られており、世界的には大変珍しい種である。英名は「ステラーズ・シー・イーグル」で、ベーリングと共に極東ロシアを探検したゲオルク・シュテラー（英語読みでステラー）にちなむ。絶滅した巨大な海獣、ステラーカイギュウのステラーだ。ステラーカイギュウは全長7メートル以上もある、マナティーやジュゴンの仲間だった。ベーリング海の入江に群れていたというが、発見からわずか数十年で狩り尽くされてしまっている。

オオワシの後ろから、もう一羽、大きな影が近づいてきた。降りだした粉雪の帳《とばり》に紛《まぎ》れるような、白っぽい色合いだ。翼はオオワシより角ばっている。こちらはオジロワシの成鳥。ユーラシアの高緯度地域に広く分布するが、日本ではやはり、北日本で冬に見られるだけだ（少数が北海道で繁殖してはいるが）。

あまりにも普通に飛んでいるのでトビみたいなもののような気がしてくるが、どちらも翼を広げれば2メートルを超える鳥である。これが普通に、頭上を舞っている。

巨鳥が飛び交う有史以前のような夢の世界。知床は大変なところであった。

宿にチェックインし、すぐにウトロの町から数キロ先の知床自然センターを訪れることにした。ただし、その前に身支度だ。

この時期の知床の最低気温はマイナス5度から10度。へたをするともっと下がる。もちろん日中はそんなに寒くないが、よそ者がナメてかかると危険な気候だ。しかも我々はワタリガラスを探して、人のいないところをウロウロしようというのである。

一番下に山用の速乾性Tシャツ。その上に化繊の薄いセーター。英陸軍払い下げのウールシャツ。軽いダウンジャケット。その上からナイロンのフィールドジャケットを着て風を防ぐ。ジャケットはフリースの裏地付きだ。いざとなればもう一枚厚手のフリースと、ゴアテックスのカッパも着られる。下半身は保温用のタイツの上に登山用のウールパンツ、その上から雪よけのオーバーパンツ。ウールの軍用ソックスを履き、足元はマイナス20度対応というサロモンのスノーブーツで固めた。ブーツは今回のために新調したものだ（シーズン終盤で投げ売りになっているのを狙ったが）。ネックウォーマーをつけ、ウールのワッチキャップをかぶり、ポケットにサングラスを入れる。手にはシンサレート入りの防寒グローブ。

着終わったら自分でも「お前、どこに行く気だ」と思えてきた。ここまで重装備がいるかどうかは、正直なところわからない。だが、暑ければ脱げばいいのだ。足りなくて寒いよりマシである。

トドか？　犬か？

町を出て10分ほど走り、まずは自然センターを訪ねた。ここに来たのには理由がある。ネットで調べていたら、センターのブログに時々ワタリガラス情報が出てくるのだ。どうやら、ワタリガラスの好きなスタッフが一人いるらしい。もしその人がいれば話を聞けるかもしれないし、仮にいなくても、同僚が何か聞いている可能性は高い。

受付の人に声をかけると、やはり、スタッフにワタリガラス大好きな人がいるとのこと。残念ながらその人は不在だったが、いくつか、ワタリガラスについて情報を仕入れることができた。

・ワタリガラスは確かにいる。時にはこのビジターセンターの上を飛んでゆく。だが数が少ないので、「いつ、どこに行けば見られる」とは言えない。
・カポンカポンなど、変な声で鳴いてるから、いればすぐわかる。
・12月までは網からこぼれる魚を狙っているので漁港によくいるが、正月を過ぎるとシカの死骸を狙っていることが多い。
・崖下には足を滑らせて落ちたシカの死骸が転がっていることがあるので、そういうところをこまめに見ているといいかも。

よし、ではとりあえず、崖下を覗いてみようではないか。センターの奥には林が広がり、その先は崖から海へと水が落ちる、フレペの滝だ。ただし冬なので滝は凍結している。まさにその辺が、「シカがいて崖がある」絶好の場所のように思える。

雪の中を、スノーシューの足跡を辿《たど》ってゆくと、広い空間に出た。その先は崖があってすぐに海だ。雪原のそこここにエゾシカがいる。でかい。私は生まれてから東京に出てくるまでずっと奈良市民だったので、シカそのものは見慣れているが、奈良のシカはこんな大きさじゃない。これはシカというより、ウシだ。こんなの相手に交通事故を起こしたら、車のほうが潰されかねない。

空気はキンと冷えているが、幸い、寒さは感じない。足元を防寒ブーツで固めたのは正解だった。数年前、秩父方面で雪の中を延々歩いたときは震えと鼻水が止まらなかったが、あれはやはり、足からの冷えを止められなかったせいだ。マイナス20度対応を謳《うた》っていたのは伊達《だて》ではない。森下さんも新調したというソレルのスノーブーツで快適に歩いている。

周囲を見ていると、ハシブトガラスの声がする。しばらく見ていると、カラスが飛んだ。もしや？　いや、あれはハシブトだ。灯台に止まって鳴いている。

広場の反対側の森の端からはハシボソガラスの声も聞こえた。こんな森林の続く場所にハシボソガラスがいるとは思わなかったが、今見えている雪原は、雪が解ければ牧草地みたいになるのだろう。それならハシボソさん大喜びに違いない。

雪を踏んで灯台の方に行ってみる。だが、サラサラのバージンスノーはまったく体重を支えてくれず、数歩ごとにフカフカの新雪にはまってズボンと足が沈む。新潟生まれの森下さんは雪の様子を確かめながら「凍《し》み踏み〜」と笑って歩いてゆく。凍み、つまり凍った雪を踏んで歩く、雪国伝統の技であるらしい。確かに、屋久島でも芦生《あしう》でも、凍って硬い雪を選んで踏めば歩きやすかった。

日が傾いてきた。もう帰ったほうがよさそうだ。ビジターセンターのそばとはいえ、この気候で迷子になったらちょっと、シャレにならない。

「戻りますか」

そう言おうとしたとき、かすかに、その声が聞こえた。

「オウッ　オウッ　オウッ」

顔を動かして方向を確かめる。崖の方だ。崖下か？　あるいは崖の上の森の中かもしれない。
また聞こえた。聞いたこともない声だが、動物園で聞いたオットセイにも似ている。海獣類だろうか。だとしたらトドか？

「犬？」

森下さんがつぶやいた。犬……いや、犬ではないと思うのだが。

「アウッ　アウッ　アウッ」

まただ。犬、といえば犬か？　アウアウとかバウバウみたいに聞こえないこともない。犬だとしたら、飼い犬を連れてスノーハイクに来た観光客？　それとも猟犬？　いや、自然センターの真裏で猟犬はあるまい。それとも、エゾシカの駆除や追い払いのために犬を使うことはあるのだろうか？

「オットセイか何かのようにも聞こえましたが」

そう言いながら「いや、それもおかしいんじゃないか」と考えていた。海獣だとしたらいるのは海岸だが、崖の高さは相当あるのだ。ここまではかなりの距離がある。それがこんなにはっきり聞こえるものか？

「オウッ　オウッ　オウッ」

今度の声は、もっとはっきり聞こえた。近づいている。それにさっきとは方角が変わっている。それだけでなく、聞いている間に位置が変化している。声の主は崖のすぐ向こうにいて、鳴きながらすごい速度で崖に沿って移動しているのだ。

そんなことができるのは、翼のあるやつだけだ。

「これ、飛んでる！」

二人とも同じ結論が閃《ひらめ》いた。膝までパウダースノーに埋もれながら、踏み跡を外れて、雪原を駆けだす。オーバーパンツとブーツがたちまち雪まみれになる。踏み込むごとに足が沈むので、走っているつもりがちっとも走れない。迂回《うかい》してでも硬い雪の上を選んで歩けば沈まないが、今はそんなこと言っていられない。

崖っぷちにたどり着いたときには、もはや声の主はおらず、不思議な声も二度と聞こえなかった。周囲を見渡すが、暗くなってきた岩場に波が砕けているだけだ。ダメ押しで双眼鏡を目にあてて見渡しながら、言わずもがなの推論を口にする。

「……ひょっとして、ですかね？」

「とにかく変な声がしたら、って言われたし」

「間違いなく、変な声でしたな」

「じゃあ、やっぱり？」

「たぶん」

距離は100メートルかそこらだっただろう。タッチの差で、会えなかったようだ。念願のワタリガラスに！

宿の部屋は大変広く、快適だった。一番安い宿泊プランだったはずなのだが、連泊することもあり、空いているいい部屋にしてくれたのだろうか。夕食は巨大なメインダイニングでバイキングだ。震災直後ということもあってか、泊まり客はさすがに多くはない。だが、観光シーズンであってもこの巨大ホテルが一杯になるものだろうか。

「修学旅行とかじゃないですか？」

森下さんが指摘した。

「いかにもクラスごとに分かれて座れそうじゃないですか、ここ」

「あー、そうかも」

そんな話をしながら部屋に戻ろうとしてエレベーターのボタンを押す。ホテルは棟ごとに自然関係の名前がつけられている。「シャチの海」「シマフクロウの杜《もり》」などだ。我々が泊まっていたのは「ヒグマの杜」である。

エレベーター脇のプレートを確認した森下さんが、一瞬怪訝《けげん》な顔をした。そして、プレートを指差して吹き出した。プレートの文字をよく読む。

「ピクマの杜」

プレートに書かれた文字はヒグマではなく、ピクマだった。誰かがマルを書き足して、濁点を削り落としたのだ。天才か。


「カポンカポン、キャハハハハハ」

テレビで震災のニュースを見ながら、森下さんと明日の予定を相談する。と言っても、お目当てのワタリガラスがどこにいるかはわからない。ほぼ、当てずっぽうだ。

「まあ、港から見てみますかね？」

まずは様子を見るところから。そう思って、翌朝は港に行くことにした。

朝起きたら車がえらいことになっていた。屋根に20センチばかり雪が積もっている。これは大変だと思って力を入れて雪を払ったら、驚くなかれ、瞬時に雪煙となって飛び散った。まったく湿り気のない、サラサラと軽い粉雪ならでは、である。これなら頑張って力を入れる必要などない。私はレンタカーに備え付けてあったホウキを取り出し、パッパッと雪を払い落とした。助手席のドアポケットに差し込んであるのはズボンや靴の雪を払うためだと思っていたのだが、なるほど、こういう目的にも必需品である。

港に着くと、雪が降りだした。灰色の海と灰色の空が白い雪の帳に閉ざされていく。その間を、灰色の影と化したカモメが飛ぶ。セグロカモメ、オオセグロカモメ、あの白いのはなんだ？　ワシカモメか何かだろうか。

港に浮かんでいるセグロカモメの幼鳥と、その向こうのホオジロガモを眺めていたら、上空から「キャハハハ」という声が聞こえた。カモメのような声だが、何カモメだろう。振り仰ぐと、粉雪の向こうを飛んでいる影が見えた。頭が長く突き出し、翼が長くて先端が尖《とが》り、短い尾を扇形に開いている。カモメ……いや、色が濃い？　それに尾が扇形というより、もっと真ん中が突き出して見える。半ば無意識に双眼鏡を持ち上げた。

「森下さん、あれカラスじゃ？」

「え、あんな声だし、翼長いし、カモメでしょ？」

なんだか妙だな、と思いながら双眼鏡にそいつを捉えた瞬間、私は思わず叫んだ。

「違いますよ、あいつ黒い！」

確かにこいつは真っ黒だ。カモメの幼鳥は褐色だが、そんな色じゃない。もっと明確に黒い。

翼の裏側が妙に白っ茶けて見えるが、カラスの羽は光の当たり方によっては白く光って見えるものだし、裏側はツヤがなくて、黒が褪《あ》せている。それにしても雨覆羽《あまおおいばね》と風切羽《かざきりばね》の色艶の差が激しい気はするが、この色合いはどう見てもカラスの黒だ。

見ている間にも、そいつは「キャハハ」と、どう聞いてもカラスではない声をあげながら飛んでいく。飛び方も変だ。まったく羽ばたかずに、滑るように空を横切っていく。

「あんなカラスって……」

森下さんがこっちを向いて、言った。でかい、飛ぶのがうまい、尾羽が短くて扇形っていうか楔形《くさびがた》、変な声。

「ワタリガラスですよあれ！」

黒い影はまだ見える。後ろ姿を双眼鏡に捉え続けていると、まっすぐに飛び去った後、ちょっと左に曲がって、森の中に消えるのが見えた。視点をずらさないまま、双眼鏡を下ろして肉眼で場所を確認。あの森だ。

私はコンパスを出して方角を確かめ、宿でもらった観光マップに当てた。こう飛んでこの辺で森に入ったというと……。

「道の駅がありますね。その向かいあたり」

「行きましょう！」

我々は車に飛び乗って、道の駅に駆けつけた。

道の駅は大きな道沿いで、反対側は切り通しの崖、その上は森になっていた。地図を見るが、道があまりないし、観察に適した場所もなさそうだ。なら、見通しのきくこちら側で見張っているのが正解だろう。

森の中ではカラスが鳴いていて、時折、黒い一団が飛ぶのが見える。そのたびに双眼鏡を向けるが、どれもハシブトガラスだ。

崖の手前の家の窓が開き、家人がパンの耳を外に投げた。途端、カラスが集まってくる。だが、それより先に押しかけてきたのはセグロカモメとオオセグロカモメ。ギャアギャアと大騒ぎしながらパンくずを取り合っている。ハシブトガラスといえども、大型のカモメの群れが相手では勝ち目がないのか、遠巻きにして指をくわえて見ているだけだ。東京では無敵に見えるハシブトガラスが。

ワタリガラスの気配はない。それに寒い。道の駅に入って土産物を眺めながら少し体を温めた。お菓子の類はともかく、やはり海産物が多い。考えてみたら半島の裏側は羅臼《らうす》、昆布で有名なところだ。シカ肉製品もある。眺めているうちに、素朴な土物の、少し大ぶりな盃《さかずき》を見つけた。手にとってみると掌《てのひら》になじむので、結局、買ってしまった。

あまりサボっているとワタリガラスを見逃しかねない。また外に出て見張っていると、森の中で「カララ」という声がした。今の声はハシブトガラスらしくない。ミヤマガラスみたいな声だ。だが、ミヤマがいるような場所ではない。もしや?

崖のすぐ上、森の切れ目からカラスが何羽か飛び出してきた。また「カララ」が聞こえる。よく見ると先頭付近にいる一羽が大きい！　周囲にいるのはハシブトガラスのようだが、ハシブトガラスが小さく見える。待て、群れの中にもう一羽、大きいのがいるようだ。この2羽はワタリガラスか？　大きいくせに、ハシブトに追いかけられているように見える。

急いで双眼鏡を目に当てた。これはハシブト、これもハシブト……双眼鏡で一羽ずつ見るとかえって大きさがわからない。一度肉眼に切り替えて確認する。やはり大きいのが混じっているように見える。ワタリガラスではないだろうか。カラスたちは港の方へ飛び去ろうとしている。

後ろ姿になると、違いがわかった。2羽だけ飛び方が違う。ほかのカラスはパサパサと羽ばたいているのに、ほとんど翼を動かさないのだ。それなのに速度も高度も落ちない。グライダーのようにスーッと滑り、パタパタと羽ばたくとまた滑空する。まるで猛禽《もうきん》だ。これがワタリガラスに違いない。やはりこいつらは飛ぶのが圧倒的にうまいのだ。

飛んでいくワタリガラスを双眼鏡で追尾する。黒い点がスッと森に消えるのが見えた。あそこだ。

再びコンパスと地図を出して、場所を確認する。町はずれの、もう道がなくなるあたりだ。だが、カラスが消えたあたりに近づける道が一本だけある。

私たちは再び車でワタリガラスを追いかけた。

行った先は、ひとけのない別荘地のようなところだった。除雪も完全ではなく、スタッドレスタイヤを履いているとはいえ、あまり深入りしないほうがよさそうだ。カーナビの画面をにらんで、さっきワタリガラスが消えた場所に一番近そうなところで車を止めた。

周囲は森だ。木が茂ってよく見えないが、すぐ前に谷があるようだ。見通しはよくない。ワタリガラスがいても姿が見えるとは思えなかった。だが、声は聞こえるかもしれない。

しばらく待っていると、谷の中で「ガララッ」という声がした。また初めて聞く声だ。ハシブトが怒ったような声でもある。

数秒後、また声が聞こえた。

「カッポンカッポン」

「カポカポカポ・カポン」

透明な冷たい空気の中に響く、不思議な声。図鑑のワタリガラスの説明に必ず書いてある「カポンカポンなどと鳴く」とは、これのことに違いない！

それは本当に、奇妙な声だった。カラスの声だとは思えない。「ぽっぺん」とか「びいどろ」と呼ぶ、三角フラスコのようなものに息を吹き込んで鳴らす玩具《がんぐ》があるが、あの音にもちょっと似ている。ぽっぺんは薄いガラスの振動で音を出すものだが、この「カポンカポン」も、ガラスとか金属とか、薄くて硬いものが震えるような響きを伴った音だ。「ポン」の部分に硬質な余韻がある。小鼓をもっと金属的にしたような響きといってもいいが……いや、だめだ。似た音を思いつかない。

数秒後、黒い鳥がフワッと上昇してくるのが、木々の間から見えた。

「いた！」

指差して、叫んで、双眼鏡を向ける。枝ごしではっきり見えないが、大きなカラスであるのは確かだ。気流に乗ったのか、ほとんど羽ばたかずに高度を上げている。1羽ではない。3羽いる。さっき飛び去ったのは2羽だと思ったが、もう一羽いたのか、それとも後で合流したのか。

ワタリガラスたちはカポカポと鳴きながら、海岸に沿って北へ飛んでいってしまった。どうやらワタリガラスを見るとはこういうことらしい。長い時間見続けるのは無理だ。

私たちはまたしても地図とコンパスで相手の行き先を予測し、車で移動した。車内で興奮してワタリガラスの感想を語り合う。

「ほんとにカポンカポンって鳴きましたね！」

「朝はキャハキャハ言ってたのに」

「会うたびに違う声で鳴いてません？」

真っ先に意見が一致したのは、「あんなのカラスの声じゃない！」という点だった。「変な声で鳴いているカラスがいたら、それがワタリガラス」というのは本当だったのだ。そういえばもう一つ、「人が近づくと真っ先に逃げるのがワタリガラス」という話も聞いていた。これも事実だ。さっきは100メートルくらい離れて、しかも向こうは森の中のまったく見えない位置にいたのに、我々の接近を嫌がるように飛び出していった。

さらに気づいたことがある。さっきからワタリガラスを見かけているのは、森で、しかも谷間のあるところだ。ひょっとしたら、そういうところが、ワタリガラスが好むポイントかもしれない。だとすると……。

「森下さん、ワタリガラスが飛んでいったあたりに川がありますよ。そこかも」

「わお！　行きましょう！」

道端の駐車場に車を置く。幸い、空が広い。だが、飛ぶのはオオワシとオジロワシばかりだ。ハシブトガラスさえいない。

いませんねえ、と言いながら空を眺めたり、海上に浮かぶホオジロガモを見ていたりすると、再び、あの声が聞こえた。

「カポンカポン！」

「キャラララッ」

いた！　谷間から３つの黒い影が飛び出してくる。細長い、先端の尖った翼、三角形に長く突き出した首と頭、短い尾、風に乗って高速で舞い上がる姿……ワタリガラスだ！

３羽は空中でもつれ合うように接近し、またサッと離れる。興奮しているのか、頭をまん丸に膨らませることもある。ハインリッチの本にスケッチが載っていたが、その通りだ。２羽が空中でスッと接近すると、１羽がスパッと90度横転し、数メートル滑り落ちてから体勢を立て直し、またスイッと上昇する。まるで風の申し子だ。

３羽のワタリガラスはたわむれるように飛びながら、崖を回り、フレペの滝の方へと消えていった。

これが、ワタリガラスを初めて見た日だった。

ワタリガラスのいるところ

翌日、再びフレペの滝を訪れた。だがワタリガラスの声はしない。どこかでハシボソが鳴いているだけだ。

崖の際まで進んで海を見下ろす。岸のすぐ近くの海上から大きな岩山が突き出している。

「あそこ、ワタリガラスが止まりそうなんですけどねー」

私は岩山を見下ろしながら言った。隔絶した場所で、崖に囲まれた岩山で、上には木が生えている。話に聞くワタリガラスがいかにもいそうな場所だ。

「いないかな」

無駄を承知で、双眼鏡で岩山を眺めまわす。と、岩の上に何かがいるように見えた。なんだろう。黒い鳥のように見える。三脚を伸ばし、望遠鏡を向ける。

カラスだ。背中を向けているが、あれはハシボソガラスではないか。同じ方向からハシボソのガーガーいう声が聞こえる。

そいつが視野の中で横を向いた。いや、おかしい。背中が妙に丸く、全体に太って見える。ハシボソガラスではないような。それに、ハシボソが鳴いていれば、大きく体を振るはずだ。こいつは動いていない。

よーく見たら、そのカラスから少し離れた木の上に何かいるのが見えた。ハトか？　いや、違う。黒い。頭を大きく振っている。そのコンマ数秒後、「ガーッ！」という声が届いた。

そうだ。あの動いているほうが、ハシボソガラスだ。じゃあ岩の上にいるのは？　並んでいるとハシボソガラスがハトに見えてしまうほど大きい……。

「ワタリガラスいました！」

しばらく観察していると、ワタリガラスが2羽いるのがわかった。一羽は同じ岩山の、見づらいところにこっそり止まっていたのだ。

じっと見ているうちに、一羽がスッと飛んで姿を消した。だが、待っているとまた姿を見せた。

そのまま滝の対岸に飛び、崖の途中に止まる。崖に生えた枯れ草の根元をつついている。なんだろう？　餌を探している？　貯食？

ほんの小さな岩のでっぱりに止まっていたワタリガラスの足元の雪が崩れ、カラスは雪と一緒に崖から空中に放り出された。だが、まったく慌てず、落ちながらサッと翼を広げ、雪原をバックに大きく旋回すると、また元の岩に戻る。

ワタリガラスはやがて上空に舞い上がり、今度こそ姿を消した。

私たちは自然センターに戻り、カフェスペースで昼飯にした。昨日、気になるメニューを見つけたからである。その名も「鹿肉バーガー」であった。

各地でシカの駆除が行われているが、これを食用に流通させるには一つ問題がある。保健所が認めた施設で適切に処理しないと、食肉として販売できないのだ。ということで、北海道では少し前から簡易食肉処理施設を作り、駆除されたシカを持ち込んで、衛生基準を満たした食肉にできるようにしている。もっとも駆除や狩猟によるシカは入荷量が安定しないため、養殖もの、つまり家畜のエゾシカも使っているのだろう。それはとにかく、シカ肉を食べてこちらもワタリガラス気分になってみようという思惑である。

シカ肉バーガーはなんのクセもなく、ごく普通に、あっさりしたハンバーガーであった。シカはその辺の野生動物のなかでは一番食べやすい気がする。イノシシはもう少し硬いし、クマは（脂が大変おいしいが）クセのある臭いがする。

うまいなあ、と思いながら食べていたら、カフェの窓の外を大きなエゾシカが通りかかり、足を止めてこちらをじっと見た。食いにくい、とまでは言わないが、なんだか妙な気分である。

翌日。私たちは、ハシブトガラスが大騒ぎしている場所を見つけた。どういうわけか、20羽以上のハシブトが集まっている。上空にはオオワシ、オジロワシに加え、知床では珍しいトビまで姿を見せている。なんだ、何があった？

それだけではない。ワタリガラスの声もする。声からすると2、3羽はいるようだ。なかでも一羽が針葉樹のてっぺんに止まり、よく響く高い声でしつこく「オ〜ワッ、オ〜ワッ」と鳴き続けている。なんだこりゃ？

ワタリガラスは2羽で動いているように見えたのでペアかと思ったが、時々3羽になる。こいつらの関係性もよくわからない。

しばらく観察して、彼らは雪原から外れた森の一角に集まっていることだけはわかった。何があるのだろう？

私たちはそっと、道を外れて森の中に入ってみた。

雪の中を、樹木に身を隠しながら忍び歩く。森の中からハシブトガラスの声がする。かなりたくさんいるようだ。

「あそこ」

森下さんが指差した先に、黒い影が動いているのが見えた。倒木の向こうにカラスが舞い降りている。降りてはまたピョンと飛び上がる動作は見覚えがある。ゴミ漁りをするカラスの動きだ。

「あれ、絶対何かありますね」

私は黒いジャケットを脱いで、多少は目立たないようにしてから、雪面に腹ばいになった。匍《ほ》匐《ふく》前進して近づく。

木々の間を、白茶けた巨大な影が飛び立つのが見えた。オジロワシだ！ カラスに加え、オジロワシも降りてきていたのか。これはよほど、いいものがあるに違いない。

倒木に身を隠してそっと覗き込む。雪の上に何かある。そして、そこにカラスが集まっている。一瞬、頭にツノのような出っ張りのあるように見えるカラスがピョンと雪の上を跳び、翼を広げて飛び去った。大きい？ あれはワタリガラスだったのか？ ハシブトガラスが羽毛を寝かせているにしても、頭がちょっと妙な形だったように思う。ツノのように見えたのは、側頭部の羽毛が冠羽《かんう》のように突き出して見える「耳ディスプレイ」と呼ばれるものか？

だめだ、さっきのカラスは姿を消した。それに、何が起こっているのか、ここからではわからない。諦めて立ち上がると、残っていたカラスがてんでに飛び去った。カラスがいるくらいだから、ほかに大型動物はいないだろうが、周囲を警戒しつつ、近づく。

やはり、シカだった。雪の上にエゾシカのメスが倒れて死んでいる。周囲はシカの足跡と糞《ふん》でいっぱいだ。シカの寝場所にしては寝ていた跡がないようだが、なんだろう。このシカは夜の間に凍死したのだろうか。

脇腹に小さな傷があり、肋骨《ろっこつ》が見えている。だが、これは銃創などではなさそうだ。おそらく、さっきのオジロワシが皮を引き裂いて食べかけていたのだろう。

シカの死骸に集まるワシとカラスたち。まさに、カラスの「自然な」食生活の現場を、目撃したのである。これこそスカベンジャー（死肉食）の世界、カラス本来の行動を見られる瞬間だ。現代の東京でこそ、ビルの谷間でゴミ袋を漁っているハシブトガラスだが、そのゴミ漁りの元になっているはずの行動である。

　さあ、どうするどうする。死肉食者としてよく研究されているワタリガラスをハシブトガラスと比較するためにも、この光景は絶対に見逃したくない。だが、このときは置きっぱなしで長時間ビデオ撮影できるような機材を持っていなかった。短時間でもデジカメを置いて、とも思ったが、この寒さではバッテリーのもちが悪いだろうし。それに、全体の状況を広くスキャンしつつ、注目すべき点に臨機応変にフォーカスすることもできない。観察するにせよ、撮影するにせよ、人間がその場にいるほうがいい。

「ブラインドいりますね。白いやつ」

「あ、それシーツでできますよ」

　森下さんが即答した。彼女はいろんなところで鳥の調査や捕獲を経験しているから、こういうアイディアはすぐ出てくる。

「さすがにホテルのシーツを引っぺがしたら怒られますかな」

「買いに行けばいいんじゃないですか」

「ウトロは店なさそうでしたよね。斜里まで行きますか」

　ということで、私たちは観察を中断し、斜里に向かった。

葛藤、観察、テーブルクロス

　さて、ここでもう一つ、「このシカを観察するかどうか」について葛藤《かっとう》があった。

　季節は3月。ということは、そろそろヒグマが冬眠から覚めて動きだすころなのだ。シカの死骸は、冬眠明けのクマにとって絶好の餌になる。もし見つければクマはその場にとどまって食べようとするだろう。

それは別にかまわないのだが、もし、そこに人間がやってきたらどうなるか。クマは一度に食べきれない大きな餌を前にすると、土か雪をざっとかぶせて埋めておき、その近くに潜んで休憩する。そして、自分のものだと思っている餌にほかの動物が近づくのをひどく嫌がる。つまり、そこに近づいただけで、いきなり襲われる危険があるのだ。

そのため、自然センターではシカの死骸を見つけるや、人の来ないところに移動させて埋めてしまう。これは人間とヒグマの不幸な遭遇を避けるための努力だ。もし人間に危害を加えれば、そのヒグマも殺処分である。誰にとっても良い結果にならない。

だから、本来ならば、見つけた瞬間に自然センターに連絡し、シカの死骸があることを伝えるべきである。ここは森の中とはいえ、道から遠くない。観光客がやってくる可能性もないとは言えない。

一方、報《しら》せれば即座に死骸は撤去だ。カラスを観察する機会は訪れない。

自分が襲われるのは自業自得としても、自分の欲求のために、可能性は低いとはいえ、他人を危険に晒《さら》していいか？　同時にヒグマの命、および世界自然遺産でもある知床の命運も、危険に晒すことになりかねない。

だが、まだヒグマの気配はないようだし、あと数時間で日が暮れるのだから、ほとんど人が来ることもないだろうし……。

やはり本来は、即座に通報すべきだったろう。だが、ワタリガラスを観察したいという思いも抑えられなかった。私たちは半日だけ、通報を遅らせた。

翌朝、私たちは現場に向かった。結局、斜里でも白いシーツは買えなかった。売っていたのは柄物ばかりだ。考えてみたら今時プレーンな真っ白いシーツなんて、旅館でしか見かけないかもしれない。

代わりに手に入れたのは、白いテーブルクロスである。量り売りのロールから2メートル切ってもらった。ビニールなのでちょっと重いが、水を吸わないので雪の上では都合がいい。

朝、何時に来るかは悩んだ。早朝のほうが鳥は活発だ。それに、観光客が来てしまわない時間がいい。万が一クマがいた場合、やられるのはせめて自分だけであってほしい、という理由である。一方、あまりに早朝で周囲がよく見えないほど薄暗いのも困る。クマと鉢合わせしたくはない。

カラスの行動開始は早い。おそらく、夜明けと同時に飛来しているか、最初から餌の近くで寝ているはずだ。本来なら、カラスに見られないよう、その時間までにブラインドを設置して自分たちも潜んでいたい。だが、それでは夜明け前の真っ暗な森に入ることになる。クマがいなくたって危険だ。

ということで、我々はなるべく早く、しかし完全に明るくなってから、現場に到着するようにした。カラスが来てしまっているのは仕方ない。近づいた時点で一度は逃げても、ブラインドを張ってしまえばこちらに気づかず（あるいは「何かある」とはわかっても気にせず）戻ってくれるのを期待するしかあるまい。

現場近くに車を止めてから、手早く着替えた。今回はブラインドを用意して潜むのだから、服装が目立ってはまずい。私は黒いジャケットとオーバーパンツを脱ぎ、灰褐色のフリースと、タン色のウールパンツ姿になった。今日の天気ならジャケットなしでもつだろう。リバーシブルのネックウォーマーを裏返して、灰色の面を出して頭にかぶり、髪の毛を隠す。森下さんはリバーシブルのフリースを裏返して、薄いピンクと白を表に出した。キャップはもともと白っぽいから大丈夫だ。

到着すると、昨日以上の大騒ぎになっていた。ハシブトガラスが30羽はいる。もちろんワタリガラスの声もする。「カッポンカッポン」のほか、ギャアギャアいう声、「カカカン！」という金属音、「フォン！」というハクチョウのような声（英語でハクチョウやガンの鳴き声をhonk! と表現するが、あんな感じだ）など、さまざまな声が聞こえる。今日も3、4羽はいるようだ。

雪の上をそっと遠回りしながら近づいた。おかしな気配や足跡はない。クマはいないだろうな？　まあ、人間が気づくくらいならクマはとっくに気づいているし、時速50キロに達するというヒグマの突進から逃げ切れるわけもないので、気づいたところでとっくに手遅れだが。

慎重に歩いていた森下さんが、右斜め後ろで足を止めた。小声で「臭い」と告げる。

「動物っすか？」

「たぶん」

こっちには臭わない。私は数歩、近づいた。途端、森下さんの指差しているあたりで、ツン！と鼻をつく臭いがした。ケダモノ臭さと脂臭さを混ぜたような、独特の臭いだ。

「これクマ？」

「……いや。たぶん違いますね」

私は臭いを確かめながら言った。クマとはちょっと違う気がする。どこかで嗅いだ覚えはあるのだが。

「……キツネじゃないかな、これ」

「あ、そっか」

ピンポイントに臭うのもキツネっぽい。キツネは自分の通り道にマーキングすることがよくあり、そこを通るとツーンと臭うのだ。クマならもっとあたり全体が臭う。いや、ヒグマは知らないが。

なんにしても、あたりに大きな足跡はない。クマなら人間が手を広げたより大きい丸っこい足跡が残る。今のところ、クマはいないと判断してよさそうだ。

シカの死骸が見えるところにそっと近づいた。うわ、これはすごい。昨日はほぼ無傷で横たわっていたシカだが、今朝は上になった側、左半分が肋骨を残して食われている。腹腔《ふくくう》も空っぽだ。ワシとカラスとトビと、さらに夜間は哺乳類《ほにゅうるい》も来ただろう。クマはいなくてもキツネなんかは来るはずだ。天から授かったごちそうを、皆で寄ってたかって、ひとかけらも余さず食べようとしている。

シカの状態を見て、どうやらクマは来ていないと判断した。餌を隠そうとした土まんじゅうができていない。それに、獲物も全身の形が残っている。クマの力なら、あの大きさのシカなど肋骨ごと引き剝がすのは簡単だ。律儀に鼻面《はなづら》を突っ込んで食べる必要はない。観察していても大丈夫だろう。

いやまあ、今からでもヒグマが通りかかったら、非常に危険なのであるが。

カラスの群れは森の奥に移動して口々に鳴いている。時々、こっちの上空を飛んで様子を見ていく。

私たちはシカから20メートルほど離れたところにブラインドを作ることにした。だが、どう考えてもブラインドを「張る」だけでは背後から丸見えである。カラスは20メートルどころか100メートルくらいの範囲内を行き来しているのだ。紐を張ったりする大げさな作業も、カラスを追い払うことにしかならない。

「かぶってるだけでいいんじゃない？」

森下さんの提案に従い、私たちは並んで雪の上に座ると、頭からすっぽりとテーブルクロスをかぶった。


カメラと双眼鏡を構え、身を縮めてカラスを待つ。数分すると、ハシブトガラスが集まり始めた。「カア」「カア」と口々に鳴きながら、だんだん低いところに降りてくる。一羽がピョンと飛び降り、また飛び上がった。ハインリッチは餌に近づくワタリガラスの動きを「操り人形めいた動き」と書いていたが、ハシブトガラスもよく似ている。そろそろと近づいては飛び下がり、危険がないか確かめる動作だ。

と、視野を黄色い影が横切った。テン？　違う、キツネだ！　一頭のキタキツネがやってきて、ためらうことなく、シカの肋骨に齧《かじ》りついた。肉がもう残っていないのか、残っていても凍りついているのか、キツネは顔を歪《ゆが》めて力いっぱい嚙《か》みついたまま、全身の力で踏ん張ってちぎりとろうとしている。

それを見て、カラスたちが2羽、3羽と降りてきた。キツネが来るくらいなら危険はない、ということだろうか。驚いたことに、最初に降りた一羽はトコトコとキツネに近づき、ふさふさの尻尾《しっぽ》をくわえて、クイクイと引っ張り始めた。

「ねえねえ、早くどいてよー」という意味だろうか？　キツネはそれどころではないのか、腰を落として肉を引っ張りながら、頭を振っている。やっとちぎりとると、口の端でハグハグと嚙み始めた。それを見てカラスたちが飛び跳ねながら近づく。

キツネの様子をうかがいながら、カラスも肉をつつき始めた。残念ながらカラスから離れて、かつシカがよく見える場所というのがなく、シカの姿の半分以上は木の陰になってしまっている。一、二度、カラスとキツネの小競り合いがあったが、大きな争いもなく、キツネはじきに姿を消した。

ハシブトガラスは次々に舞い降りて肉をついばむと、森の奥に飛んで姿を消す。逆に森の奥から飛んでくる個体もいるので、きっと、どこかに餌を隠すか、邪魔されないところで飲み込んでは戻っているのだろう。これもハインリッチが書いていたワタリガラスの行動と同じ、そして、町なかのゴミ漁りとも同じ行動だ。カラスは餌を喉に溜め込むと、ビルの上などに行ってまた戻ってくることがよくある。集団で採餌している場合、はたしてそういう「取り置き」した餌が盗まれずに残っているものかどうか疑問もあるのだが。

一羽のハシブトガラスがこっちに飛んできた。そして、私たちの目の前、3メートルと離れていない低い枝に止まった。枝と一緒に揺れながらくちばしを枝にこすりつけようとして、カラスは「?」とこっちを見た。それからまたくちばしをこすりつけようとして、再度、「?」と顔を上げた。また目をそらしてから、「いや待てよ?」とこっちをマジマジと見て、大慌てでカアカア鳴きながら飛び去った。やっと気づいたか。しかし、カラスに三度見させるくらいだから、このブラインドというか擬装はなかなか優秀である。

だが、ワタリガラスは甘くなかった。さっきから声は聞こえる。すぐ背後の頭上から「カポン」とか「フォン!」といった声が聞こえるのだ。たぶん、私たちの背後10メートルかそこらの、木のてっぺんにとどまっている。ひょっとしたらもっと近いかもしれない。ほとんど真上だ。だが、振り仰いだら即座に逃げるに決まっている。

どうやってか知らないが、ワタリガラスは、我々が前しか見えないことをちゃんと悟っている。怪しいニンゲンの前方に出なければ発見されないと踏んでいるのだ。その判断は完全に正しい。

カラスの宴会は30分くらい続き、一段落した。ワタリガラスも我々を警戒してか降りてこないまま、姿を消したようだ。

「終了しましょうか」

「そうっすね」

私たちは擬装をはねのけて立ち上がった。参考資料として、雪上のシカの死骸と、テーブルクロスをかぶった様子を撮影しておく。離れて見てみると、このてるてる坊主みたいな擬装は完璧だ。まったく見えない。だが、ワタリガラス相手には無力だったのだ。残念だが、完敗だ。

とにかく、我々は自然センターに立ち寄ってシカの死骸があることを報告し、ウトロに戻った。

ワタリガラスが死肉を食べているところは観察できなかったが、「カラスが死肉を食べるということ」はよくわかった。シカ一頭が転がっているというのが、どれほどの動物を助けているか、もだ。カラスたちは、昨日今日はごちそうだったに違いない。よし、こちらもちょっと贅沢《ぜいたく》しよう。

私たちは「くまのや」に立ち寄って海鮮丼を頼んだ。なるほど、うまい。海辺育ちの森下さんが絶賛していたくらいだから、本当に絶品だったのだろう。

ワタリガラスの飛ぶ空

翌日。シカの死骸が片づけられた森からは、ワタリガラスもハシブトガラスの群れもワシたちも消えた。彼らは本当に一頭のシカの死骸だけを目当てに集まっていたのだ。シカ祭りが終われば引き上げてしまう。

それからさらに2日、私たちはワタリガラスを探した。ウトロの反対側、羅臼にも行ってみたが、途中でワタリガラスの声を聞いただけだった。ただ、途中の土産物屋で、オバちゃんが気前よく味見させてくれた塩水ウニが目もくらむようなうまさであったことは、特筆しておきたい。北海道の海産物はやはり最高。クロソイやドンコやカジカなど、本来、南の方ではなじみのない魚もある。

羅臼町の寿司屋ではまたも海鮮丼を食べたのだが、私たちがクロソイだのオヒョウだのと話しているのを聞きつけたらしいご主人は「せっかくだから」とオヒョウの造りを入れてくれた。全長2メートルにもなる巨大なヒラメの仲間だが、これはまだそんなに大きくないとのこと。ただ、残念ながら、ヒラメに比べると少々、大味であった。開高健《かいこうたけし》が「小さいほうがうまい」と書いていたが、なるほど、そういうことなのだろう。


そして、最終日。

ホテルのレストランで窓際の席に座り、最後の朝食を食べていると、ホテルの真上を通ってスーッと飛び去る、黒い鳥が見えた。

「森下さん、あれワタリガラス！」

「ほんとだー！」

まるで別れの挨拶に来てくれたかのようだ。私たちは長逗留《ながとうりゅう》したホテルをチェックアウトした。すっかり顔なじみになったホテルマンが、「これからまた撮影の旅ですか？」と聞いてくる。どうも「鳥の人」で「三脚を持っている」イコール「写真」と思われていたようだ。この三脚は望遠鏡用なのだが。

「いえいえ、さすがにもう、日常に返りますよ」と返事をして、出発。ここから斜里、そして女満別へと向かうのだ。

その途中、ふと思い出して、地図を引っ張り出した。ホテルがここ、この角度で飛んでいったから……。

「森下さん、今朝のワタリガラスが向かってたの、この少し先ですよ」

「その辺にいたりして」

言いながらちょっと速度を落としてカーブを曲がろうとした瞬間、それが見えた。道路の左側にチラッと、黒い姿が空を舞ったのだ。

「いた！」

幸い、目の前にチェーン装着場がある。車を突っ込んで、最後の観察と撮影大会だ。

カラスたちは一度飛び去ったかに見えたが、再び戻ってきた。しかも４羽がフォーメーションを組んでの編隊飛行だ。斜めに並ぶのは、おそらく先行する個体の翼端《よくたん》から出る渦流《かりゅう》に乗るためだ。ガンなどが「雁行《がんこう》」するのと同じだ。

編隊を組んでいたワタリガラスがスッと接近すると空中でじゃれるように絡《から》み合い、時には相手の足を握ったままもつれ合って急降下してパッと離れる。興奮しているのか、飛びながら頭の羽毛をまん丸に膨らませている。頭上を旋回して林の向こうへと消えていくまで、私たちはワタリガラスの見事なフライトを堪能した。

「すごい！　お別れに来てくれたみたい」

言いながら、車に乗り込んで走りだした途端である。左側に雪に埋もれた谷間と葉を落とした立木、そして、その枝に止まった巨大なカラスが見えた。

再び急停車。１、２、３……７羽！　こんなに集まるのか！

「ちょっと待った。これだけいるってことは、何かありますよね？」

「あー、あるかも！」

「さっきの４羽、ここに参加しに来ただけなんじゃ？」

「それだー」

つまりは「何か死んでますよね」ということだ。言っているうちに自然センターのピックアップトラックが後ろからすっ飛んできて、目の前に停止した。降りてきたスタッフが谷間を指差して相談しつつ、こっちをチラッと見ている。トラックで駆けつけたということは……。

「これ、またシカの死骸じゃないんですか」

「あ、そっか」

相手はカラスだ。「さようなら」なんて言ったところで、「は？　私ら、ごちそう食べに来ただけですが何か？」と言われておしまいだろう。当然だ。カラスとは、そういうものだ。

私たちは今度こそ、本当にワタリガラスに別れを告げ、空港に向かって出発した。

世界のカラスを知る旅へ

世界のハシブトガラス

日本のカラスはそれなりに見てきた。だが、世界にはいろんなカラスがいる。どうせなら全部見てやろうというのが、私と森下さんの、カラス屋としてのささやかなる野望である。

見てみたいカラスはいろいろいる。エチオピアの高原で骨をガジガジしているオオハシガラスとか、アラスカの荒野を舞うワタリガラスとか、ニューギニアの密林にいるという全身が淡褐色のハゲガオガラスの幼鳥とか（こいつは成鳥になっても色が灰色っぽく、真っ黒にならないという。英語はグレイ・クロウだ）、錐《きり》のように細長いくちばしをもった南アフリカのツルハシガラスとか、とんでもなく興味をそそられる。とはいえ、カラスに見とれているうちにシミエン高原の断崖《だんがい》から落っこちる、荒野の果てに行き倒れてワタリガラスのご飯になっちゃう、ヨハネスブルグで身ぐるみ剝《は》がされる、といった心配もある。ニューギニアだってハードルが高いし、だいたいあそこは旅費が高い。

ほかの仕事ついでではない、純粋にカラスを見るための旅。「世界カラス旅」の手始めは、どこにすべきだろうか？

ところで、日本では非常にポピュラーなハシブトガラスに、多くの亜種があることはご存じだろうか。亜種とは種の下位分類で、「別種というほどではないが、まるっきり同じってわけでもない」という存在だ。たとえば、かわいい鳥代表として人気を博したシマエナガはエナガの北海道産亜種である。種としては本州のエナガと同じものだ。

実のところ、日本に分布するハシブトガラスは4亜種あるのだ。まず、北海道、本州、四国、九州に分布する亜種ハシブトガラス（*Corvus macrorhynchos japonensis*）。奄美から沖縄島、宮古《みやこ》島《じま》まで分布するリュウキュウハシブトガラス（*C. m. connectens*）。八重山《やえやま》諸島に分布するオサハシブトガラス（*C. m. osai*）。そして、対馬《つしま》に分布するのは中国や朝鮮半島と同じチョウセンハシブトガラス（*C. m. mandshuricus*）だ。

ハシブトガラスはアフガニスタンからロシア沿海州まで、広い範囲に分布する。それだけに、東南アジアのものは日本のハシブトとはかなり違うと聞いている。私も調査したことがある八重山諸島の亜種オサハシブトガラスは、「これ、本当にハシブトか？」と思うほど小柄だった。一般に、南の方の亜種は日本のハシブトガラスより小柄である。というか、九州から北海道、さらにサハリンの一部まで分布する *C. m. japonensis* は、世界のハシブトガラスのなかで最大亜種なのだ（この辺の複雑怪奇な分布は中村純夫《すみお》著『謎のカラスを追う』に詳しい）。

ところが、つい最近のことだが、インド産亜種とされていた個体群（*C. m. culuminatus*）が別種扱いに昇格した。亜種なのか種なのかを決める明確な基準はあるような、ないようなものだが、動物の場合、「自然状態で交雑しない・できないのは別種」とすることが多かった（植物の場合は別種どころか別属でも交雑してしまう例があるので、さらにややこしい)。だが、交雑できる場合でも、繁殖がうまくいかなかったり、習性や形態にどう見ても違いがあったりする場合、別種とすることもある。「地理的障壁で隔てられているけど、一緒に飼っていれば交雑はできるよ」という例も多い。たとえばニホンザルとタイワンザルは尾の長さ以外は非常によく似ている(タイワンザルは尾が長い)。自然状態では分布が重ならないので交雑しないが、和歌山県などでは野生化したタイワンザルとニホンザルが交雑している。つまり、生理的には交雑できるのだ。

亜種レベルになると、さらに交雑は容易だ。メダカは複数の亜種に分かれているが、放流によって移動させると交雑してしまう。

件《くだん》のインド産亜種は遺伝的に異なる集団だとわかったが、周辺のハシブトガラス個体群との間に、明確な地理的障壁がない。ということは、インド産亜種はもうずっと長い間(へたをすると200万年くらい)、交雑しようとすればできるはずなのに、周辺の個体群との血縁関係を失っている、と考えられたわけだ。そりゃまあ「赤の他人」と言われても仕方あるまい。ただし見た目については、写真を見ただけではまったく区別できなかった。

さらに、フィリピンではハシブトガラス(*C. m. philippinensis*)が農耕地にいて、森林にはスンダガラスが分布するという。日本では農耕地にいるのはハシボソガラスで、ハシブトガラスは開けた場所をあまり好まないのに。ただし、フィリピンの「ハシブトガラス」はハシブトガラスの亜種ではなく、別種ではないかという研究結果も出ている。フィリピンの妙な環境選好性は非常に興味深かったのだが、種が違うなら、解釈も一時ペンディングだ。

とまあこんな具合で、ハシブトガラスといってもいろいろ、しかも非常に複雑なのである。

ハシブトガラスに最も近縁な種はイエガラスとされている。おそらく、南アジアの熱帯地域で2種が分かれ、ハシブトガラスはそこから多くの亜種を生じながら分布を広げたのだろう。となると、ハシブトガラスの「生まれ故郷」での暮らしぶりを見るには、南アジア〜東南アジアが良いということになる。また、イエガラスと同所的に分布する場合、ハシブトガラスがどう暮らしているかも興味がある。

興味深いのは、南アジアや東南アジアの都市部の場合、カラスを見かけるとしたら多くはイエガラスで、ハシブトガラスではないということだ。一方、日本で街なかにいるカラスの代表はハシブトガラスである。ハシボソガラスも大概の都市では共存しているが、ビルの立ち並ぶ繁華街のド真ん中のようなところは、やはりハシブトガラスが強い。東京はちょっと極端な例になるが、早朝の渋谷センター街や新宿歌舞伎町を飛び交い、「カア」「カア」と鳴き交わしているのはすべてハシブトガラスだ。

つまり、日本では大手を振って街なかにのさばるハシブトガラスが、その「故郷」である熱帯では、森の中でひっそりと暮らしている、ということになる。一方、より小型のイエガラスは人家近くに姿を見せる。日本のハシボソガラスとハシブトガラスの場合、ゴミ漁り競争をすれば必ず、体の大きなハシブトガラスが勝つ。これが都市化に伴ってハシブトガラスが優位になってくる大きな理由だと考えている（代々木《よよぎ》公園のような広大な芝生にはハシボソガラスがいてもおかしくないのにまったくいなかったのは、おそらくハシブトガラスに追い出されていたからだ。ハシブトガラスが減少したせいか、ここ数年、ハシボソガラスも見られるようになっている）。だが、東南アジアではこの法則が通用しないらしい。

世界にはさまざまな生物がいるが、「この仲間はこの辺りにしかいない」といった大づかみな分布が存在する。たとえば霊長類はアジアからアフリカ、および南米にしかいない。なかでもヒト以外の類人猿は東南アジアとアフリカにしかいない。死肉食性の猛禽でも、アジア・アフリカはハゲワシ、アメリカはコンドルである。花の蜜を常食する鳥も、アジア・アフリカはタイヨウチョウ、アメリカはハチドリと分かれている。タイヨウチョウはスズメ目タイヨウチョウ科、ハチドリはアマツバメ目ハチドリ科で、分類上は全然違う。

このような、生物集団の分布パターンを考える学問を生物地理学というが、生物地理学による区分では、日本は旧北区と呼ばれる、ユーラシアの大半とアフリカ北部を含む地域に入っている。東南アジアやインドはアフリカ大陸の大半とともに熱帯区だ。東南アジアのうち、ボルネオ島の東にあるセレベス島からはオーストラリア区に入る。二つの島の間にあるマカッサル海峡、これが生物の分布を隔てるラインだ。これを発見したアルフレッド・ウォレスにちなみ、ウォレス線と呼ばれている（実際には対象とする生物群によって微妙に分布境界線は違い、新ウォレス線やウェーバー線なども提唱されている）。旧北区の中での区分だが、日本にも屋久島・種子島《たねがしま》と奄美諸島の間の渡瀬《わたせ》線、本州と北海道の間のブラキストン線などがある。渡瀬線より北にはハブが分布しないし、ブラキストン線より北にはニホンザルがいない。

私がこれまで研究対象にしてきた日本のハシブトガラスとハシボソガラスは、どちらも旧北区の住人である。観察したことのあるミヤマガラス、コクマルガラス、ワタリガラスを含めても旧北区に住んでいる個体群だ。だが、ハシブトガラスの南の方の分布はパキスタンからインドを通り、インドシナ半島に及ぶ。このあたりは熱帯区だ。バリ島にも分布するとしている例があるが、バリ島はウォレス線のすぐ西側、オーストラリア区との境目である。

全然違う環境に住み、亜種が違い、体の大きさも違い、どうかすると別種にまで分化しているかもしれない「ハシブトガラス」を理解するのに、日本の亜種だけを見てわかった気になるのは、ちょっと危険だ。八重山諸島で観察したことのあるオサハシブトガラスだって、島によってはその行動が全然違った。西表島《いりおもてじま》のオサハシブトガラスは、大きさはともかく行動は見慣れたハシブトガラスのものだ。だが、黒島《くろしま》や波照間島《はてるまじま》のオサハシブトは畑をテクテクと歩き回り、ハシボソガラスと見紛《みまご》うばかりの採餌行動を見せる。

私は日本の、特に本州のカラスを観察してきた。その間にカラスのいろんな側面を知ったし、大づかみに「ハシブトガラスってこんな鳥」という理解も進んだと思っている。だが、それは別の場所ではまったく通用しないかもしれない。わかったつもりでいたハシブトガラスのことを、実はほんの一部しかわかっていないのかもしれない。

ならば、知りたい。そのためには自分の目で見るしかない。

ハシブトガラスは観察しにくいうえにあまり人気のない鳥だから研究が少ない。日本でも少ないが、日本以外では皆無に近いのだ。第一、自分の目で見ないと「ああ、こいつはこんな生き物なのか」という実感が湧かない。

ということで、まずは東南アジアのハシブトガラスがどんな暮らしをしているか見てみたいというのが一つ。そして、同所的にイエガラスがいるなら、その2種はどうやって住み分けているのかを知りたいというのが一つ。これを狙って、私たちは計画を立て始めた。

イエガラスを探しに

幸い、生物学をやっている友人のなかには、東南アジアで調査した経験のある人が何人もいた。サル、昆虫、植物生態、鳥類などの研究者たちだ。彼らに聞いたりして調べを進めると、マレーシアではそこそこ、カラスが見られることがわかってきた。クアラルンプールの公園にはイエガラスがよくいるし、「黒いカラス」を見かけるという話もあった。イエガラスなら灰色と黒のツートンだから、これはハシブトガラスの可能性がある。もっともイエガラスには黒っぽい個体もいるので要注意だ。

また、文献を当たっていたらマレーシアのイエガラスはスリランカからの移入種だとわかった。何のために？　と思ったが、ペストコントロール、すなわち害虫駆除のため、とある。もっとも、例によって人間の思惑通りにはならず、都市部でゴミを荒らしたりするので、カラスのほうが駆除されている。方法はなかなか荒っぽく、街なかで散弾銃をぶっ放しているという。とはいえ、同所的にハシブトガラスとイエガラスが見られる可能性はある。

マレーシアと言っても広いが、カラスが多いのはマレー半島側で、ボルネオ島のサバ州、サラワク州ではまったく見ないか、見たとしても数えるほど、との情報が入った（この辺の情報はサル屋さんのコネクションが役立った）。ふむ、第一候補はマレー半島か。

ほかの候補としては、ハシブトガラス・イエガラスともに天然分布するインド、スリランカ、バングラデシュもあった。だが、この辺の国はちょっと不安もある。スリランカは時折、宗教対立でもめている。インドはそこまで政情不安ではないが、初インドでカラスに見とれているとなんだかいろいろ危ない気がする。バングラデシュも不慣れな観光客が気楽に入れる場所とは言いにくい（実際、計画していたころにダッカでテロ事件があって日本人も犠牲になった）。そういう意味では、マレーシアのほうが「シロウト向き」ではあるだろう。

さらに情報を集めていると、マレーシアのランカウイという島が浮上してきた。ペナン島の少し北だ。この島、イエガラスもハシブトガラスもいるらしい。リゾート地だから外国人も滞在しやすい一方、安宿もあるし自然も豊かだ。島自体がジオパーク（地球科学的に貴重な区域）にも指定されている。となると、自然状態に近いカラスも見られるかもしれない。しかも島全体が免税で缶ビールが2・5〜3MR。MRはマレーシア・リンギットで、1リンギットは約30円（当時）だ。ということは缶ビールが75〜90円。缶ビールが75〜90円。大事なことなので二度言いました。

ということで、手始めはランカウイ島がいいのではないだろうか。

かくして、旅の準備が始まった。

まず、島の様子をじっくり地図で眺める。大きな町は二つくらい、島の中央に山がある。グーグルマップを空撮に切り替え、土地の利用状況を概観する。東部はマングローブの茂る、あまり開発されていない地域。北部も大きな森林のようだ。ストリートビューで見てみると、かなり密生した森林だ。ハシブトガラスが期待できそうである。いや、東南アジアのハシブトガラスを見たことがない以上、彼らがどういう環境にいるかもわからないわけだが。

日程を決め、航空券と宿を手配する。私も森下さんも、平日の仕事がある。あまり長居はできない。出発から帰国までせいぜい4、5日か。雨季を避けて、我々が時間を取れて、かつ、なるべく航空券が安いタイミングを探した。なにせ自腹なので、そんなに金はかけられない。

宿泊先を探していたら、格安で、「静かで自然豊か」と書かれたホテルを見つけた。バンガロータイプで、しかもエアコン付きでも2000円からだ。何かの間違いかと思ったが、本当に2000円である。町の外れではあるが、地図とストリートビューを見る限り、近くに商店も飲食店もあるから大丈夫だろう。森もある。ここに決めた。

今回はまったく未知の場所のため、ガイドツアーも予約した。日程が限られているので、ポイントを絞って見せてくれる案内人がいたほうが効率がいいだろう。それに、ガイドにカラス事情を聞くこともできるはずだ。バードウォッチングのツアーを開催している会社を見つけ、「カラスを見たいのだが、いるだろうか。また、カラスのいるところに行ってくれるようなツアーは組めるか」とメールで問い合わせた。すると「カラスはイエガラスとハシブトガラスの2種がいる。君たちしかいなければ、カラス向きのツアーにしてもいい。ほかにも参加者がいれば一般的なコースで勘弁してくれ」という返事が来た。「カラスがどこにいるか教えてもらえると嬉しいのだが」という問いは無視された。それを教えてしまったら向こうは商売にならないのだし、仕方ない。

観光情報を見ていると「特に危険な生物はいない」となっていたランカウイだが、直前に知り合いの研究者が渡航していたことがわかり、様子を聞いたらまるで違った。「森の中はヒルだらけ、キングコブラはいるわ、バイパー（毒ヘビ）を摑《つか》みそうになるわ」と恐ろしいことを言う。

この人はダニを探してどこへでも行ってしまうのでちょっと話を割り引くとしても、一般の観光客と生物屋は行動が違うのだ。鳥に夢中になっているとそれなりに危険かもしれない。ついでに、大学院のとき、先輩に聞いたマレーシアだかインドネシアだかの土産話を思い出した。

「ガイドが森の中に入っていくから付いていこうとしたんだが、ハッと気づいて葉っぱを見ると、黒と黄色のシマシマ模様の、タイガーっていうでっかいヒルが起き上がって首を振ってるんだよ。もしやと思って周りを見たら、そこらじゅうの葉っぱから次々にタイガーが立ち上がってるのが見えてねえ」

「で、どうしたんですか？」

「ボクは研究者だ！　ボクは男の子だ！　って自分に言い聞かせて付いていったけど、ホントは泣きそうだった」

思い出さなきゃよかった。


出発は刻々と近づいてくる。小川町のバードウォッチング専門店、ホビーズワールドに行き、マレーシアの鳥のハンディ図鑑を買った。全種は網羅していないが、あまりに大きな図鑑を持っていても検索に困る。旅先で見かけた鳥をとりあえず知りたいという程度ならこれでいい。ホビーズワールドは双眼鏡からブラインドから図鑑から鳥グッズまで揃《そろ》い、海外の鳥のフィールドガイドなんかも扱っているので便利だ。もちろん洋書だってアマゾンで買うことはできるが、図鑑は現物を手にとってみないと使い勝手がわからない。

スコープと三脚は各自持っていくことにした。遠距離で観察するとき、交代で見ているとどちらかが重要なシーンを見そこなう恐れがある。二人で別方向を監視したいときもあるだろう。双眼鏡は普段使っているコーワの口径32ミリに加え、バックアップとして口径25ミリのニコンも持ってゆく。万が一、双眼鏡が故障したら目も当てられないからだ。双眼鏡というやつ、ぶつけた拍子に左右のレンズの光軸がずれるとか、内部のピンが破損してフォーカスが合わせられなくなるとか、雨の中で使っていたら浸水してレンズが内側から曇るとか、そういうトラブルが突然起こる（いずれも経験した）。防水モデルであっても過信は禁物だ。

それから『地球の歩き方』と『旅の指さし会話帳』を読み、簡単な挨拶のほかに「Tandas ada di mana?（トイレどこですか？）」くらいは現地語を覚えて、いざ出発である。

私はどこの国の人？

２０１６年8月末。仕事を終えた後、羽田に移動して森下さんと合流した。エアアジアXの深夜便でクアラルンプールへ飛ぶのだ。

チェックインは長蛇の列だったが、出国審査はあっさり通った。私の友人たちは「松原は怪しいから徹底的に調べられる」と信じているらしいが、冗談じゃない、私は年齢不詳・正体不明かもしれないが出入国審査で引っかかったことなどない。ただし、キーホルダーとして鍵束に付けていた超小型の折りたたみプライヤーは没収されてしまった。同型でナイフがついたものがあり、区別できないからだそうである。むー。

フライトは7時間あまり。エアアジアの利用は初めてだが、このエアラインは基本料金が安い代わりに毛布から飲み物からほぼすべてがオプション扱いで別料金になる。だからといって飲食物を持ち込むのは禁止だ（手荷物チェックして取り上げるわけではないし、実際持ち込んでいる人もちらほらいたが）。

　このフライトは深夜便で、目が覚めたら現地だ。だから機内食はいらないと判断した。判断したが……周りでいい匂いがするので、いささか空きっ腹を刺激された。

　前の列に座っていた日本人の女の子たちは機内食を予約していたらしく、配りに来たCAさんに何にするか聞かれている。どうやら予約してもさらに「コレとコレがあるが、どっちがいい」と聞かれるようだが、聞き取れなくてあたふたしている。CAさんは「Nasi lemak にしますか」と言っているのだが、なじみのない単語なので読み方がピンとこないのだ。ちなみに発音は「ナシルマッ」である。私がわかったのは、旅行ガイドで食い物の名前だけはしつこく覚えておいたからにすぎない。

　このときのCAさんの一人は東アジア人だが国籍不明で、英語で飲み物を勧めてまわっていた。私にも英語で聞いたので、こちらも英語で「水を2本くれ」と頼んだ。普通に通じて、向こうも英語で対応した。3ドル払って水を受け取り、封を切っていると、彼女がワゴンを押して後方に移動し、明らかにネイティブな発音で、後ろの日本人観光客に日本語で話しかけているのが聞こえた。

　海外に行くたびに思うのだが、私はいったい、どこの人に見えるのだ？

　クアラルンプールに到着したのは現地時間で朝7時ごろ。降り立ったのは空調の行き届いた空港デッキだったので、異国の空気感はまるでない。国によって匂いというものがあり、たとえば日本は醤油《しょうゆ》の匂いがするというが、特有のスパイスの匂いなんかもない。

ともかく、1時間半後にはランカウイ行きの便に搭乗なので、空港で朝飯を食ってそのまま待機だ。さあて、機内食をパスしたぶん、ここで本物のマレーシア飯を試してやろう。

「森下さん、なに食べます？」

「わかりませーん」

「ここまで来て巨大チェーンのハンバーガーはイヤですよね？」

「それはないなー」

あれこれ言いながらレストランの並ぶエリアを一回りした。ケンタッキーフライドチキンのご当地メニューらしいチキン・ポリッジにも興味を惹《ひ》かれたが（たぶん、鶏肉入りの中華粥《がゆ》である）、結局、マレーシアで最初の食事はマレー人の朝食の定番という、例の「ナシルマッ」になった。

出てきたのは、ワンプレートのカフェごはん的なものだった。ナシはご飯、ルマッは脂肪の意味だそうだが、ここではココナツミルクを入れて炊いたご飯を指す。ご飯は軽く一膳ぶんほど、こんもりと丸く盛り上げられ、その上にイカン・ビリスという、ジャコかシラスのような小魚の素揚げが一つまみのっている。そこに定石通り、チキンのカレー煮、でっかいキュウリの薄切り、砕いたえびせん、ゆで卵、そして赤いペースト状の調味料が添えられている。

チキンは手羽まるごと。柔らかく煮てあるが、どうやって食うのかちょっと迷う。ここは食器を使うのを諦め、骨を右手でつまんでむしゃむしゃ食った。うまい。旅先の飯がうまいのは重要なことである。

「この赤いの、何？」

「サンバルですかね」

指についた、全然辛くないカレーを舐《な》めながら答えた。事前に仕入れた情報によると、マレーシア名物の辛い調味料が付くはずだ。スプーンでちょびっと取って舐めてみると、辛いがなかなかいい味がする。唐辛子をメインに、生姜《しょうが》、にんにく、玉ねぎなどを加え、炒めて作るらしい。エビの発酵ペーストが入っているのか、かすかに癖のある匂いもする。

「カレーとかご飯に混ぜながら食べるんだと思いますよ」

「へー」

私は訳知り顔でサンバルをカレーに混ぜながら言った。面倒になって残り全部を混ぜ、スプーンで口に運ぶ。

「……全部混ぜたら結構辛い」

マレーシアのカラスはこういうものを食べているのだろうか？　日本のカラスとは味覚が違ったりするのか？　あるいは、味なんて大して気にしていないのだろうか。飼育されているカラスにはひどく口の奢《おご》った子がいて、「お肉は赤身じゃなきゃイヤだ」などという、カラスとも思えないグルメぶりを発揮する個体までいるそうだが、さて。


朝食を終え、ランカウイへのフライトを待つ間、出発ゲートで外を眺めていたら、滑走路の向こうの駐車場周辺に黒い鳥が飛んでいるのが見えた。む、カラスか!?

森下さんが素早くロビーの窓際の席に陣取った。双眼鏡を向けると、カラスっぽい鳥が地上に降りては飛び立つのが見える。どうやら、集まっているのはタクシー溜まりのようだ。ゴミが落ちているのか、ゴミ箱があるのか。その向こうの高架道路に車が止まり、ドライバーが外に出てタバコを吸っているのが見えた。そのすぐ近くの胸壁にも黒い鳥が止まっている。待っていれば餌をもらえるのだろうか。

よーく見ると、止まっている鳥に大小があるように見える。これ、ハシブトガラスとイエガラスの混成部隊なのでは？　日本のハシブトガラスの全長が50〜56センチほどあるのに対し、イエガラスは43センチほどだ。東南アジアのハシブトガラスは小柄だが、イエガラスよりは大きかったはず。だが、この距離から窓ガラスごしでは、これ以上のことはわからない。外で確認したいのはヤマヤマだが、もう時間もない。帰りは乗り継ぎに４時間近くあるから、そのときに確かめねば（と、このときはそう思ったのだが……）。

イエガラス！

さて、クアラルンプールからローカル便に乗り換えて１時間でランカウイ島に到着した。小さな空港なので、乗客はタラップを下りて歩き、空港ビルに入る。

荷物をピックアップして到着ロビーに出る途中に、大きな窓があって、きれいな花の咲いた中庭が見える。その中庭のヤシの木に、妙に小さなカラスが止まるのが見えた。細い。そして真っ黒ではなく、濃淡のツートン。東南アジアの小柄で真っ黒じゃないカラスということは、つまり――。

「イエガラスいた！」

「どこ、どこ！」

森下さんもダッシュで駆け寄ってくる。人生初のイエガラス。何羽かいて、一羽は何かくわえている。ビニール袋に入った丸いものだ。おそらく、何か食べ物である。

「カラスのやることって、日本でもランカウイでも一緒なんですな」

「ほんとだー」

写真を撮ろうとしたら、カラスはプイと飛び立ってしまった。慌てて見上げようとしてガラスに頭をぶつけたが、カラスはもう見えない。いや、屋根の端から顔を覗《のぞ》かせた。なんとか一枚だけ写真を撮ったが、感動するヒマも、観察するヒマもなかった。

「慌てすぎ」と言われそうだが、見たことのない鳥を見てみたいというのは、バードウォッチャーの性《さが》である。世の中には世界を股にかけて、一年で1000種見たという猛者《もさ》もいる。私はそこまでやる気はないが、知らない鳥、ましてお目当ての鳥がいればやはり、我を忘れる。にしても、これは幸先《さいさき》のいい出会いなのでは？


さて、まずはハシブトガラスのいそうな森の中を目指そう。空港前に並ぶタクシーに乗り、オリエンタルビレッジというところに向かう。

このときのドライバーは話し好きなおっちゃんだった。道端の牛を指差して「日本語ではなんて言うんだ」と我々に聞き、カニクイザルを見つけると「サルがいるよ」と教えてくれる。「日本には温泉に入るサルがいるんだってね」なんて話題まで出てきた。この島のドライバーはみんなこんなのかと思ったが、話し好きなのはこの人だけだった。

で、こちらは受け答えしつつも窓の外に目を光らせている。カラスはどこにいるかわからないからだ。だが、カラスのカの字も発見できなかった。

オリエンタルビレッジは島の北西部にある、テーマパークというか何というか……な場所だ。売りが何なのかはよくわからないが、土産物屋やレストランがあり、エレファントライドがあり、ダック（大戦中の水陸両用車）に乗る水上ツアーもあり、3Dシアターもあればヘビ使いもいたりして、コンセプトがよくわからない観光地になっている。が、とにかくロープウェイがあって山の上まで行けるので、鳥を偵察するには悪くなさそうだ。

ロープウェイ乗り場には長い行列ができていた。行列が動くのを待ちながら待合室でおとなしく並んでいたら、後ろにいた中国人の美女二人に中国語で道を聞かれた（中国語はわからないと言ったら、スマホに打ち込んで英語に翻訳して見せられた）。確かにこの島で見かける色白なアジア人の大半は中国人だと思うし、日本人なんて我々しかいなかったが、またしても日本人だと思われなかったようだ。

しばらく待たされた後、ロープウェイに乗った。さっきの中国人二人も一緒だ。ゴンドラは揺れながら、ドえらい急角度で山肌に沿って急上昇していく。山の上は霧が渦巻いている。なにやら恐竜か孫悟空でも出そうな雰囲気だ。

途中で一度乗り換えがあった。相乗りになったお嬢さんたちは、ゴンドラを降りしなに「アンニョンハセオ」と笑って手を振りながら去っていった。それは韓国語だ。中国人ではないのはわかったろうが、なぜ日本人が出てこない。

こうして山頂まで行ったが、残念ながら霧が立ち込めて何も見えなかった。カラスの声くらい聞こえないかと思ったが、そもそも鳥の声が聞こえない。この霧では活動していないのかもしれない。そういえば、日本の山でも霧が深いとカラスが黙ってしまうことがあった。鳴き声もしないし、こちらからカラスの声を流しても返事をしないくせに、霧が晴れたら目の前に止まっていたりするのである。

相手が見えるなら、声を出す必要はあまりない。何をしているか、どこにいるか、見ただけでわかるからだ。音声を使うのは距離が遠かったり、見通しがきかなかったりする場合、というのが基本である。だからこそ夜行性の鳥、たとえばニュージーランドのフクロウオウム(カカポ)や、日本にもいるサンカノゴイは、広く、遠く届く音声を使って自分の存在を示すのだ。

このように、相手の姿が見えないときこそ音声コミュニケーションの出番だと思うのだが、なぜか霧の場合はカラスが鳴かない。これはいまだに理由がわからない。

オオトカゲもサイチョウもいますが何か

「どうします?」

森下さんが霧の中でこっちを向いて、言った。

「まあ、ここにいても仕方ないすね。麓《ふもと》の方でカラスがいないか見ますか」

結局何も見えないまま、山を下りてくるしかなかった。

森の中を抜けて歩いて下りるという手もあったが、登山道にどこから入るのかよくわからない。それに、この濃霧だ。カラスがいたって見えないし、道に迷う恐れもある。あと、思ったより山が深くて、ものすごい岩壁もあった。距離も2、3キロありそうだ。まして悪天候で、道を知らなくて、急斜面で、迷ったら毒ヘビに嚙まれて死にそうなところだ。素直にロープウェイに乗ることにした。

またユラユラと揺られながら下っていく途中、ロープウェイの索にブッポウソウが止まっていて唖然《あぜん》とする。緑と青と濃紺の混じった美しい鳥だ。英語ではダラーバード、本当かどうかは知らないが、一ドル札みたいな緑色だから、という話を聞かされたことがある。日本にも夏鳥として渡来するが、分布が限定的でめったに見られない。だが、ランカウイには普通にいて、鉄塔なんかにポツンと止まっている小さなカラスみたいなシルエットはだいたいこいつだった。

森下さんが山腹を飛ぶ猛禽を発見した。楔形《くさびがた》の尾が特徴的なシロハラウミワシだ。オオワシ、オジロワシなんかと同属で形も似ている。翼を広げると2メートルくらいあるだろう。海辺に行けば普通に飛んでいて、珍しい鳥というわけではなかったが、巨大な翼を広げた堂々たる姿は見応え十分だ。

山の上は霧だったが、下界はいい天気だった。水辺の食堂で私はチキンカレー添えのご飯、森下さんはミーゴレン（焼きそば的なもの）を食べた後、暑いので木陰のベンチでぼーっとする。この園内にはムクドリ科の鳥であるインドハッカがいっぱいいた。栗色で、目の周りが黄色い。この黄色は羽毛ではなく、裸出《らしゅつ》した皮膚の色だ。ちょっと細身だが、大きさや雰囲気はムクドリのようでもあるし、人のそばに「なんか餌あるでしょ」と寄ってくるところはドバトやスズメのようでもある。屋根にご執心なのは瓦《かわら》の隙間で営巣しているのだろうか。以前、なぜか沖縄県の小浜《こはま》島《じま》で10羽ほどの群れを見かけたことがあったが、本来の分布域でじっくり見るのは初めてだ。

今度は小さな鳥が目の前の木にやってくると、器用に枝からぶら下がるようにして果実を食べ始めた。シルエットはメジロに似ている。お腹が白く、背中側が黒……いや、頭頂から背中まで真紅の筋がある。セアカハナドリだ。動きの感じもメジロに似ている。きっと果実や花蜜を餌に、枝先を器用に飛び回る鳥なのだろう。続いて、よく似た大きさと形だが、色合いの違う鳥も来た。背中が青くてお腹が黄色、オオルリとキビタキを合わせたようなきれいな鳥だ。図鑑を調べて、こちらはオレンジハナドリとわかった。

池の上をリュウキュウツバメやヒメアマツバメが飛んでいる。やや大型なのはアナツバメだろうか。高級食材の「燕《つばめ》の巣」を作る種類だ。食用にするのはショクヨウアナツバメの巣で、鳥が自分の唾液《だえき》を固めたものである。うん、これだけ鳥がいるのに、見知った鳥がほとんどいない。鳥を見ていたら南国感が盛り上がってきた。

と、水面を何かが滑っているのが見えた。細長くて、体をくねらせている。もしや大型のヘビか？　と思って双眼鏡を向けたが、さすがにニシキヘビやキングコブラではなかった。ごく当たり前の顔をして泳いでいるのは、ただのミズオオトカゲであった。最大で全長2メートル以上にもなる大きなトカゲだ。この島では普通に、野生で暮らしている（というか東南アジアではごく普通らしい）。この後「お前ここのスタッフか」というくらい、何度も泳ぎ回っているのを見た。

さらにその後、何か巨大な魚が水面直下を泳いでいるのが見えた。体長1メートルは優にあり、のっぺり長い体の後半に背びれがあって、大きな鱗《うろこ》は緑色っぽくて後縁《こうえん》が赤く、角度によって赤銅《しゃくどう》色に輝き、吻端《ふんたん》が平たくて「バフッ」と空気を吸いに上がってくる魚だった。いやそんなまさか、と思って考え直したが、やっぱり、ピラルクとしか思えなかった。アマゾン原産の世界最大級の淡水魚だ。そんなアホな、と思ったが、タイとマレーシアには釣り用に持ち込まれているらしい。本当にピラルクだったのだろう。

それにしても、カラスはいないのか？　山があって森があって人間がいてレストランがある。それでなぜ、カラスがいない？　ハシブトガラスがいて当然じゃないのか？　カラスに慣れ親しみすぎた日本のカラス屋としては、この条件でカラスがいないのが不思議でならない。

さすがにちょっとくたびれた。宿のあるパンタイ・テンガー地区へ移動し、チェックインして休むことにした。タクシーがカフェや土産物屋で賑《にぎ》わったエリアを過ぎ、静かになってきたなーと思ったあたりに、宿があった。

この宿は「静かで自然がいっぱい、朝はサルが来る」という口コミであった。サルは冗談抜きにしょっちゅう来るらしく、受付を通ってコテージ形式の客室に向かう通路にデカデカと指名手配風のポスターが掲げられ、「いいサル」「悪いサル」の顔写真が出ていた。悪いサルは空港の外で見かけたカニクイザルだ。さらに、客室に入ろうとすると「ベランダに物を置いておくとサルに取られますよ」と注意書きがある。

宿の裏手はそのまま森に覆われた丘につながっている。ふむ、環境だけ考えれば、この辺にハシブトガラスがいてもおかしくない。だが、しばらく見ていたが、カラスの姿も鳴き声も確認できなかった。

休憩してから宿の近くを散歩すると、さっそく柵の上に尾の長いハトを見つけた。チョウショウバトだ。首から体にかけてトラツグミみたいな虎縞《とらじま》模様がある。チョウショウは「長嘯」とも「長生」とも書き、縁起がいいとして中国南部から東南アジアでは飼い鳥としても人気がある。

続いて並木の上にエリゲヒヨドリらしき鳥を発見。こいつは葉陰にいて「腹が黄色くてヒヨドリみたいな顔」しかわからなかった。図鑑を見ていてわかったが、東南アジアにはヒヨドリの仲間が何種もいる。英語でヒヨドリの仲間はBulbulというが、何とかブルブルが数ページ続くのだ。日本にはヒヨドリと、せいぜい沖縄のシロガシラしかいないグループだが、彼らは熱帯アジアからアフリカに分布する鳥で、その「本拠地」では一大勢力となっている。一番北まで分布する一種が日本のヒヨドリというわけだ。

インドハッカは例によっていっぱいいる。黒い鳥がシュッと飛んで枝に止まったが、これはカラスではない。ムクドリほどの大きさの、ミドリカラスモドキだ。パッと見のシルエットはコウライウグイスが一番近いが、日本の鳥で無理にたとえるなら、ダイエットしすぎたムクドリとでも思えばいい。構造色で暗緑色に輝く羽毛をもっているが、光の加減によっては完全に黒く見える。目つきはよくない。赤い虹彩《こうさい》の三白眼だ。一羽、色が薄くて腹に縦縞のある個体がいたが、これは幼鳥らしい。

なんか黒っぽくてでかいのが飛んだ。カラスではなさそうだが、はてどこへ行ったか？と思っていたら、森下さんが双眼鏡を目に当ててじっと何か見ているのに気づいた。

「なんかいました？」

「でっかい黒いのが飛んだ」

「さっき飛んでいっちゃったのは見ましたけど」

「ううん、その後あそこに止まった」

森下さんは私を手招きし、ヤシの木を指差した。開発中のリゾートホテルの裏手だ。近づいてみたら白黒で、でかくて、巨大なくちばしの上に飾りのある鳥がポケーッと枝に止まっていた。

あのくちばしはサイチョウの仲間！　キタカササギサイチョウだ。サイチョウの顔はもう冗談としか思えない。頭の高さがそのままくちばしの高さで、長さは頭の3倍くらいある。そして、その上にチョンマゲみたいな飾りがのっかっている。英名のホーンビルは「ツノのあるくちばし」という意味だし、サイチョウは「犀鳥」である。

サイチョウは大型の鳥で、しかも大きな樹洞《じゅどう》で繁殖する鳥なので、森林の伐採に非常に弱い。東南アジアを代表する鳥の一つだが、地域や種類によっては絶滅に瀕《ひん》しているため、鳥類学的には保全に関する話題を耳にすることが多い。その鳥が宿の前にいるのだ。そう思っていたら、サイチョウは大きなバッタをくわえてきて近くの電線に止まり、上を向いてペロリと飲み込んだ。

さて、晩飯はどこで何を食うかなー、と思って観光ガイドを眺めていたら、森下さんが「夜市に行きましょうよ」と言った。この島では毎日どこかでナイトマーケットが開かれている。その曜日はたまたま、私たちが泊まっている場所の比較的近くで開催されていたのだった。

マーケットは駐車場のような未舗装の広場で開かれていた。料理、飲み物、雑貨、衣服から魚まで売られている。

三角錐形《さんかくすい》に紙で包んだテイクアウト用のナシ・アヤム（海南チキンライスのマレーシア版）、名前のよくわからない（正確に言えば、書いてあったのだが読み方がよくわからない）焼きそば、ゆでピーナツ、焼き鳥などを買い込んで宿に戻り、宿近くの雑貨屋でビールを買った。おお、本当に約100円だ！　マレー人は大半がムスリムだから商店でも酒を扱わないことがあるが、中華系の雑貨屋なら置いている。そのあたりも事前にチェック済みだ。それから、部屋のテラスに食い物を持ち出し、無事に始まった旅に二人で祝杯をあげた。

我らのターゲットは

ランカウイ滞在2日目。

今日は午前中にガイドツアーを頼んである。約束は午前7時半（夜明けが7時前である）だ。時間に合うように早起きしたら、向かいのコテージで何か動いた。さっそくサルが来たのだ。一頭のカニクイザルがジュースの缶を手に持ち、通路の屋根に飛び移った。器用に掌にこぼして舐めている。どうやら泊まり客が「サルに注意」を本気にしなかったようだが、サルを甘く見るとこういう目にあう。

宿の前でツアーガイドと落ち合うと、参加者が二人、すでに車に乗っていた。ということは、カラス向けツアーではなく、一般コースだ。仕方ない、ツアーの途中で適当にカラスについて聞こう。

車は見慣れた日本のワンボックスカーだったが、なぜかフロントバンパーの前にぶっとい鉄パイプ製のガードがついている。いや、荒野を走る4WDならわかる。立木や動物に激突したときにエンジンを守るためだ。だが、どういうわけか、台湾から南では軽トラだろうが商用バンだろうが、フロントにこういうガードバーがついていることが多い。ヘビーデューティー感を出すためなのか、本当に動物がぶつかってくるからなのか、あるいはギチギチに詰めて縦列駐車されたときに、前の車を押して隙間をあけるためなのだろうか。

案内してくれたのはウェンディ。現地の人で、おそらく本名はマレー語なのだろうが、欧米人が覚えやすいような通称を仕事用に使う人は多い。マレーシアは英連邦だったこともあり、全般に英語が通じるので会話はほぼ問題ない（むしろ向こうがこちらの拙い英語を補ってくれることもしばしば）。ただ、鳥の名前は耳慣れないものも多く、早口で言われると聞き取れない。それでもかろうじてついていけたのは、前もって図鑑を眺めて、鳥の名前をなんとなく頭に入れておいたおかげである。

スワロフスキーの双眼鏡を下げ、いかにも野外調査っぽいベストに身を固めたウェンディは「まず初心者に見やすいところに行く、それからあなたたちのターゲットがあるだろうから（ニヤリ）、そこに行く」と頼もしく笑った。

よし、カラスを見せてくれ！

一緒に参加していたのは親子連れで、バケーションの途中とのこと。ウェンディとの会話を漏れ聞く限り、お母さんはおそらくマレーシアの人だが、ウェブデザインなどの会社にいて、バリ島で仕事をしているらしい。だが、親子の会話はしばしばフランス語になる。少年は13歳で、学校になじめないのでホームスクールで勉強しているらしい（どうも彼は普段、フランスにいるようだった）。シャイだが、ずいぶん賢い子のようだ。ついでになかなかイケメン。

おまけに彼はすごい望遠レンズをつけた一眼レフを構えており、小鳥だろうが飛行中の猛禽だろうがバシバシ撮りまくる。ただ、本人は鳥ではなく蝶《ちょう》が趣味とのこと。そう言いつつサンショクウミワシの写真を見せてくれたので、森下さんが「すごい！　いい写真じゃない！」と褒めると、はにかみながらニコッと笑顔を見せた。

「あの子、帰るころには鳥の写真もすっごい撮ってますよ、きっと」と森下さんは笑った。もちろん昆虫もいいのだが、「鳥にはあまり興味がない」なんて言われたら、鳥好きとしては煽《あお》りたくなってしまう。

ツアーの手始めに、海の近くの沼地に連れていかれた。鳥が豊富で初心者でも探しやすい場所なので、よくツアーに使うのだという。

あまりカラスがいそうな環境ではないが、周囲を見渡していたら、沼地の対岸の樹木の茂った中に黒い鳥がいた。大きさもちょうどカラスくらいに見える。スコープに捉えたが、枝葉が邪魔でよく見えない。確かに全身が黒いが、なんだか尾が長くはないか？　森下さんにも見てもらったが、やはりよくわからない。ウェンディにスコープを覗いて確かめてもらう。

残念、それはオニカッコウだった。確かに黒くて大きいが、カラスではない。日本には「黒くて大きい」と言えばカラスくらいしかいないので一目でわかるが、ここでは通用しない。東南アジアは要注意だと自分に言い聞かせる。

そこから山に移動してブッポウソウやカンムリオオタカ、ミドリヒメコノハドリ、オナガサイホウチョウなどを見る。ミドリヒメコノハドリは全身が若葉のように緑色の小鳥だ。サイホウチョウは素早く灌木《かんぼく》の中を動いており、「尾の長い地味な色合いの小鳥」としかわからなかった。

大木の枝にサルが何頭ものっていると思ったら、ダスキールトンだった。真っ黒で目の周りだけが縁取りのように白く、長い尻尾を垂らして枝にチョコンと座り、こっちを見ている。目の周りが白いので、大きなお目めがクリクリしているように見えてかわいい。宿のポスターにあった

「いいサル」がこれだ。そして、座った枝に手を伸ばして、葉っぱを食べたり、アコウの実を食べたりしている。

「アコウがあるってことは、カラスも期待できるんじゃないですか」

私は双眼鏡で果実を確認しながら、森下さんに言った。アコウを含むイチジク属は結実期が不定なものが多く、一年じゅう森のどこかで実っている。熱帯林にカラスがいるなら、こういった果実を主食にしている可能性は否定できない。

だが、さっきからウェンディが探しているオオサイチョウが出ない。「どうする？　もう切り上げて田んぼに行く？　もうちょっと探す？」と言うので、せっかくだからオオサイチョウを探すことにした。それに、山の中にいればハシブトガラスの声もするかも、という期待もあったのだ。今のところなんの気配もないけれども。

少し移動しては車を止め、車を降りて様子を探るのを繰り返す。何度目に止まったときだったか、ウェンディがサッとこっちを振り向いた。「ギョガッ」というような、奇怪な鳴き声がしたのだ。「あれ？」と聞くと「そう、あの声」と小声で声のしたあたりを指差す。だが、ここからは見えない。徒歩で谷を回り込んで探す。

と、親子連れの二人が同時に「あそこ！」と叫んで空を指した。弾《はじ》かれたように顔を向けると、ほんの一瞬、道路上空を横切って飛ぶ、巨大な鳥が見えた。黄色っぽい頭と胸、白黒の翼、魁偉《かいい》な顔。オオサイチョウだ。体長は1メートルを超える。一言で印象を言えば、鳴き声も含めて「恐竜」であった。

怪鳥はあっという間に道路を飛び越え、ジャングルの中に消えた。

さて、それからツアーは山を下り、田んぼへ。田んぼにハシブトガラスがいるとは思わないが、途中で人里のカラスを見られるかもしれない。

目の前を小川が流れ、水田が広がっている。さっそく出てきたのはシマキンパラ、ササゴイ、ムラサキサギなど。ササゴイは日本にも夏鳥としてやってくるし、ムラサキサギも八重山諸島なら見られるが、こういう鳥が当たり前にいるのは、やはり「南の島」だ。水田の上を一直線に飛び抜けた鳥はカワセミの仲間に違いない！　と思ったら、うまい具合に木に止まった。アオショウビンだ。アカガシラサギの幼鳥も姿を見せる。

その時だ。たまたま皆とは反対方向を見ていた私の視野の中を、右から左へ、真っ黒な鳥が横切り始めた。これだ！　この見慣れたシルエットと飛び方は、間違いない。「森下さん、カラス！」と叫んで双眼鏡を目に当て、飛んでゆくのを追って顔を巡らせる。黒い体、黒い首、黒い翼、黒くて長い先の丸い尾、長く突き出したくちばし、フワフワした羽ばたき……やはり間違いない、ハシブトガラスだ。

「小さい！」

森下さんが叫んだ。確かに小柄で細身に見える。八重山諸島にいるオサハシブトガラスのようだ。もし、オサハシブトと同大なら、全長50センチもないかもしれない。ハシボソガラスより小さいくらいだ。

おまけにくちばしも細いようだ。飛び方やシルエットはハシブトガラスなのだが、全体に線が細い感じがする。見送っていたら、飛びながら「ガー」と鳴いた。そういえばマレーシア語でカラスは「ブルン・ガガッ」だ。ブルンは「鳥」なので、「ガガッと鳴く鳥」の意味だろう。「ガア」みたいなしゃがれ声で鳴くのが普通なのか？　見ていたカラスは田んぼの向こうの農家の、ヤシの木の陰に隠れた。すると、もう一羽が追うように飛んでいく。ペアか⁉

カラスの出現に大興奮している我々を見て、ウェンディが「そういえばカラスを見たいって相談してきた人がいるって聞いたけど、あなたたちだったの？　早く言ってくれればよかったのに！」と言いだした。え、伝わってなかったんすか。ツアーの最初に「あなたたちのターゲットがあるだろうから」なんて言われたので、てっきりカラスのことだと思っていたのだが……どうやら「スコープまで用意してくるやつらのターゲットといえば、オオサイチョウに決まってる」という意味だったようだ。

そこでカラスについて聞いてみると、意外な事実が判明した。まず、ハシブトガラスはランカウイにもともといた鳥ではなく、マレー半島本土からの移入だろうという。フェリーの後を付いてくることがあったので、そのまま入っちゃったんじゃないか、昔は見たことがなかった、今でも多いわけではないとのこと。「昔は」が本人の経験だとすると、そんなに古いことではない。彼女の年齢からして、せいぜい、ここ20年か30年くらいの出来事だろう。

さらに、ハシブトガラスはこの付近の農耕地にしかいない、ほかでは見たことがないと言う。ええええ⁇　ホントに？　なんでわざわざ農耕地に？　都市部でも山地でもなく、よりによって、ハシブトガラスの嫌いそうな水田に？

イエガラスはもっと多い、空港の近くによくいるよ、とのこと。「空港の、こんな丸い屋根があるでしょ、あそこによくいる」と言われた。ふむ、行けばわかるだろう。

なんにしても、カラスの気配は全般に薄い。なるほど、東南アジアに行った連中に聞いても「カラスなんかいたかなあ」と言われるわけだ。

ここでカラスを探すのは、思っていた以上に骨が折れる。先行き不安である。

ようやくイエガラス天国

ツアーは午前中だけだったので、午後はウェンディの言っていた「空港の、こんな丸い屋根」を見に行く。

タクシーで空港に到着すると、なるほど、車寄せの上が「丸い屋根」でアーケードになっている。この辺だろうか。

降りた途端、ちょっと高い「ガー！」あるいは「アー！」という声がした。車寄せの屋根の下に小さくて細身なカラスがいる。翼は黒、顔も黒、首から胸にかけてグレー。間違いなくイエガラスだ。首をかしげて道路を見ているということは、路面に何かが落ちているに違いない。見ていると、イエガラスはタクシーの間をぬってさっと舞い降り、何かの包み紙をくわえ上げて、屋根の鉄骨に戻った。なんてこった、こんな目の前にいるのか。

「くそ、まさにここからタクシーに乗ったというのに。なんたる不覚」

「えー、でも昨日はいなかったですよー？」

どうだろう？　中庭には何羽かいたのだから、探せば見つかったのでは？　自信をなくしかけたが、ここからはカラス屋の勘に従い、カラスの居場所を探り当てる。私たちはタクシー乗り場の左右を見比べた。

「松原さん、どっち行きます？」

「左でしょうね」

「私もそう思うー」

二人でうなずいて歩いていく。その先にバイク置き場があり、公園的なものがあった。芝生の周囲に木が植えてあるからまあ公園なのだろうが、芝生にはゴミが落ちていたりして見捨てられているようだ。そこが、イエガラス天国だった。

公園の後ろは空港施設であまり人が入らない。そして、大きなダンプスターが並んでいて、ゴミがたくさんある。カラスはそのあたりをウロウロしてゴミを拾っていたのである。公園がなんとなくゴミだらけなのは、カラスがくわえてきて落とすからだろう。

私が立っている２本向こうの木の中に、しばしばイエガラスが飛び込む。そして、その辺から「アー！　アアアアー!!」みたいな声がする。これ、雛《ひな》じゃねえの？

と思ってたら、公園の向こう側で枝を拾ったカラスを見つけた。営巣？

そっちに近づいたら、急にカラスが怒りだした。何羽も集まってきてアーアーと叫びながら頭上を旋回する。だが、小さいせいか、全然怖くない。台詞《せりふ》にするなら全部ひらがなで、「こっちにきたら、ゆるさないんだぞー！」みたいな感じである。

「これ、営巣してるんじゃないっすか？」

「してる。絶対してる」

森下さんもうなずいた。見知らぬ鳥とはいえ、カラスはカラスだ。行動はなんとなく読める。

い。

「その辺覗いたらあったりして」

森下さんが笑った。いやそれはムシが良すぎるだろうと思いながら、高さ10メートルもない木の葉っぱの間を覗き込む。その、適当に覗き込んだ木の、茂った枝の中に本当に巣があった。巣までの高さは3、4メートルほどか。ちょっと崩れていて、今は使っていないようだが、確かに巣だ。それにしても雑な作りやな！　しかし、枝と針金を組み合わせているところがカラスっぽい。

いきなり見つけてしまった巣を観察した後、「こっちにもありそうじゃない？」と言いながら歩いていった森下さんが「あったー」と声をあげた。まさか、と思ったが、森下さんはフィールドノートを取り出し、「これたぶん、そこらじゅうにありますよ」と言って手早く略図を描いた。

「見て回ったら全部見つかるんじゃない？」

公園の中の木を全部探すと、本当に巣だらけだった。使っているのか古巣かわからないが、10巣もある。木は30本ほどだったので、実に3分の1が営巣木だ。なんだこりゃ。

イエガラスは15羽ほどいる。うち、明らかな巣立ち雛は1羽か2羽。雛は成鳥に餌をねだるが、餌をもらえるとは限らない。そして、5羽くらい、確実に成鳥と思われる個体が固まっているなかに、巣立ち雛らしい、口の中が赤い個体が混じっている。つまり、ペアとその子供、という枠組みが見えない。どう見ても集団繁殖だ。しかも、巣材をくわえているやつもいる。あっちに巣立ち雛、こっちのペアは巣作りと、ステージの違う繁殖が同時進行している。ほえー、イエガラスってこんな繁殖するんだ。

日本に戻ってから改めて文献を読み直したが、「ペアの縄張りを持つ」「集団で生活している」

「サウジアラビアでは一本の木に複数の営巣が見られたこともある」など、大雑把なことしか書いていなかった。これ、ちゃんと観察されたことあるの？

神様のお導き？

ランカウイ3日目。

今日こそはハシブトガラスを探したい。ウェンディの「山地の森林にはいない」という言葉が本当かどうかわからないのだが（日本での経験で言えば、山地のハシブトガラスはその気で探さないと見つからない）、まずは「あそこならいるよ」というところを探すべきだろう。となると、昨日ツアーで行った田んぼが最適だ。ところどころに農家や集落があり、その周りは風よけか、日陰のためか、高い木が茂っている。ハシブトガラスはそういう小さな樹林を拠点として生活しているのかもしれない。水田の風景は日本と似ているが、もっと丈の高い稲が密生している感じだ。ムラサキサギ（アオサギくらいの背の高い鳥である）でさえ、舞い降りるとほとんど隠れてしまう。あと、日本ほど整然とした印象ではなく、田んぼなのか草むらなのかよくわからない。

その前にちょっと海岸を見に行ってみる。夕べは金曜夜ということもあり、午前3時ごろまでディスコミュージックが聞こえていた。おそらく、海岸に集まったパリピが乱痴気騒ぎをやっていたに違いない（偏見を含む）。人が集まればゴミが出て、ゴミがあればカラスは来るものだ。と、宿の敷地から出ないうちに、頭上を黒くて大きな鳥が飛び去った。カラス！　それもハシブトっぽく見えた。海の方から来たぞ？　まだいるだろうか？

急いで海岸に行ったが、カラスの気配はもうなかった。キバラタイヨウチョウ、メグロヒヨドリ、コウライウグイス、カササギサイチョウなんかはいたが、カラスがいない。くそ、入れ違いになったか！　だが、これほど見られないのでは、ハシブトガラスの個体数は本当に少ないに違いない。

歩いていると、道端に金属製のゴミ箱があった。蓋《ふた》がなく、ゴミが溢《あふ》れ出している。そして、そこに数羽のインドハッカが群がっていた。やっていることはまるっきり日本のカラスだ。つまり、この島にはカラスが食えそうな餌資源が、道端に落ちているのである。

なのに、カラスがいない。これはなんとしても不思議である。昨日の空港の様子を見ていると、イエガラスは普通にゴミ漁りをしている。決してゴミが嫌いなわけではないのだ。

なにか、街が嫌いな理由でもあるのだろうか？

海岸からホテルに戻る途中のカフェで朝食を済ませた（ここで森下さんが注文したロティ・チャナイというサクサクのパンがとびきりおいしかったことは、特筆しておきたい）。腹が落ち着いたところで、ハシブトガラスを探しに田んぼに行くことにする。

昨日、ウェンディと一緒に車で走った道筋を思い返してみよう。確か、パンタイ・チェナンとかいう町の外れの、水田博物館のあたりから田んぼが見え始め、その先のチェナン・タイとかいうレストランあたりからは水田地帯だったはず。だが、そのレストランがどの辺だったかいまひとつ覚えていない。悩むより、タクシー乗り場で配車係のインド系の爺《じい》さんに聞いてみた。

「チェナン・タイというレストランに行きたい」

「パンタイ・チェナンなら歩いて15分くらいだよ、金がもったいないよ」

「いや、その先のチェナン・タイというレストランだ。タイ・レストラン」

「パンタイ・チェナンのレストランに行きたいんだな？　タイ料理がいいのか？」

「いや、そうじゃなくて、店の名前だ」

「？」

だめだ。諦めた。今回、現地の道路事情がわからなかったので国際免許は用意していないから、車やバイクを借りるわけにいかない（結論から言えば、チェナン以外は渋滞もないし、みんなのんびり走ってるし、左側通行で日本と同じだし、車はだいたい日本の中古車で右ハンドルだし、免許を持っていったほうが便利であったかもしれない）。そこで自転車を探したのだが、レンタルバイクはあっても貸し自転車が見当たらない。考えてみたら、現地人が誰も自転車に乗っていない。現地人の乗る自転車を見かけたのは2度だけ、一度は10歳くらいの少年で、もう一度は配達にでも行ってきたらしいインド料理店のボーイさんだった。ここでは大概の人が車に乗っている。時々、お姉ちゃんやおばちゃんがスクーターで走っている程度だ。台湾のようなバイク軍団も、スクーター4人乗りなんて曲芸も見ない。

それでも、徒歩でパンタイ・チェナンに入ったあたりで、道端に待望の貸し自転車を見つけた。ちょいとボロいし、妙に貸し賃が高いが、まあいいとしよう。2台借りて走りだしたら、チェナンの町の真ん中で、イエガラスに出くわした。

「やっぱり町なかにもいるんだ」と言いながら見ていたが、あまり数は多くない。せいぜい数羽だろうか。とりあえず、今日はハシブトさんを探したいのだ。水田博物館まで行ってみよう。

森下さんの自転車は錆《さ》びたママチャリ、私のはマウンテンバイク風だが変速なし、しかもリアタイヤの空気が抜けている。これをキコキコと漕《こ》いで水田博物館までたどり着いた。周囲には水田が広がっている。双眼鏡で探すとササゴイにタカブシギ、あと綺麗な模様のケリの仲間がいた。昨日も田んぼでチラッと見かけたのがこいつらだろう。インドトサカゲリのようだ。

ここから昨日の田んぼを探そうとしたのだが、適当に走っていたらちっとも田んぼに行き当たらず、汗だくのまま走り続けるハメになった。島の観光地図はあるが、どこが田んぼかは描いていない。航空写真を持ってくるべきだった。おまけに借りた自転車がボロくて速度を上げられない。

死にそうな炎熱の下で、1時間以上も自転車を漕いでウロウロしていただろうか。よくわからない三叉路《さんさろ》に出た。はて、と思っていると、白い服に白い帽子に長いひげを生やしたイスラム教の導師みたいな人がバイクに乗って通りかかり、走りながらこちらを見て、前方を指差して何か叫んでいった。

「何言ってたんですか?」

「さあ?　たぶん、『ナントカならこっちだぞ』って言ってくれたんだと思いますが」

「ナントカって、どこ?」

「全然聞き取れなかった(笑)」

だが、まあいい。じっとしていても埒《らち》が明かないのだ。そっちに行ってみる。

それはおそらく、神のお導きだったのであろう。5分ほど自転車を走らせたら、周囲に田んぼが見えてきた。そして、突如として、昨日のガイドツアーで来た、まさにあの場所に到着した。

ばんざーい!

昨日とまったく同じようにムラサキサギがいて、ササゴイがいて、アカガシラサギがいて、アオショウビンがいる。上空にシロハラウミワシ。ダイサギ。じゃあカラスもいる？　いる？　と思ったが、カラスが飛ばない。遠くの木立の中に黒い点を見つけ、もしやと思いながら望遠鏡を向けたが、それはオオバンケンだった。一見カラスっぽい大きさだが、翼が茶色い。くそ、こいつも要注意だ。

カラスいねえなあ、と思いながら、炎天下で1時間もあたりを見ていたころだろうか。突如「ガー」と声がした。あっと思った次の瞬間、昨日とまったく同じように、一羽のハシブトガラスがぱっさぱっさと飛び、農家の裏の木立に入るのが見えた。

止まっているところをじっくり観察するとくちばしは細長く、やはりハシブトガラスらしくない。だが、体を水平にし、尻尾をヒョイ、ヒョイと下げながら鳴く姿勢は見慣れたハシブトガラスのものだ。ぱさぱさと浅い羽ばたきもそうだ。

「やっぱり小さくない？」

森下さんが双眼鏡を覗いたまま言った。

「小さいですね。でもイエガラスよりは大きいような」

鳴き声は「ガー」で、日本のハシブトガラスよりは甲高《かんだか》くてしゃがれているが、イエガラスよりは少し野太いようだ。時々、「ガガッ」とも鳴く。

「今ガガッて言った。カラスのことマレー語でブルン・ガガッて言うんですけど、その通りに鳴いた」

「頭は丸かったかなあ」

「わりとペタッてしてた。飛んでるときも止まってるときも」

見ているとカラスが再び飛び、こっちに来た。小川の向こうの、少し離れた木立に止まってこっちを見ている。

鳴き声が面白いので、それをまねて「ガア！」と鳴いてみた。最初は首をかしげていたハシブトガラスは、3度目に「ガア」と返事をした。それに対して「ガア、ガア」と返事をすると、「ガア、ガア……ガア」と鳴く。「ガガッ」を試すと、やはり「ガガッ」が返ってきた。

マレーシアのヒトとは英語を介してやっとなんとか話ができるのに、マレーシアのカラスとは会話できるのも妙な話だ。だが、結局、そのハシブトガラスは姿を消してしまい、もう戻ってこなかった。

見送ってから、森下さんがこっちを振り向いて、言った。

「あんなのハシブトじゃない」

「え？　そうですか？」

「だって細いもん！　すっごく細い。くちばしとか」

確かにそうだ。体も細ければくちばしも細い。だが、「では何ガラスか」と言われれば、やっぱりハシブトガラスに似ているのである。ただ、サイズ感も含めて本州のハシブトガラスではなく、オサハシブトガラスのような感じだ。さりとて、「ハシブトガラスによく似た別種です」と言われれば、それもそうかと思ってしまうくらいには違う。

二人で撮影した写真を確認した。確かに、日本のハシブトガラスのような、マッシブな感じがない。

チャールズって誰やねん

さて。消えていったハシブトガラスを悔やめど、探す方法も思いつかないし、なにより、もはや体力が残っていない。まずはどこかで水を飲まないと死んでしまう。持ってきた水は飲みきってしまった。自転車も午後3時には返さなくてはいけない。

自転車で走りだしてすぐ、ハシブトガラスが道端の木の根元で何か拾っているのを見かけた。こいつ、ちょっとくちばしが太くて、見慣れた「ハシブトガラスの顔」に近い。さっきの個体とは違うようだ。そういえば、少し離れたところでもう一羽が鳴いているようでもあった。よくわからんが、さっきの個体とペアなのだろうか？　だとしたら行動圏はかなり広い。最初に止まった遠くの木からここまで、500メートルかそこらはあるだろう。それほど人家も多くない郊外だから、ゴミが山積みで餌に不自由しない、というわけではあるまい。日本のハシブトガラスを考えても、これくらいの行動圏を持っているのは不思議ではない。

となると、この島のハシブトガラスは人家近くにはいるものの、人間にべったりの生活をしているわけではなさそうだ。そのカラスも、ヒョイと飛び去って姿を消した。

パンタイ・チェナンに戻り、来る途中でイエガラスを見かけたあたりでカフェに入る。2時を過ぎているが、疲労困憊《こんぱい》して飯を食う気にもなれず、スイカジュースを頼んだ。ランカウイのスイカジュースはまさに「スイカ生絞り」で、実にいい味がする。しかも、大汗かいている私を見て、フルーツの皮を剝《む》いていたおっちゃんがヒョイと扇風機をつけ、こっちに向けてくれた。ありがたい。生き返った。

屋根だけで壁のないカフェから外を見ていると、やはりイエガラスがその辺をうろうろしている。道の向こうの黄色い屋根のあたりから出てきて、こっち側に止まり、カフェの前を通ってあっちに行き、また戻ってくる。非常に定期的な動きだ。

カフェを出て見に行くと、やはり、木立の中に雛を隠していた。見ていると親らしいのがスッ飛んできて怒るのは日本のハシブトガラスそっくりで、こっちを向いて首をひねりながら口を開けて威嚇《いかく》してくるのも同じだ。ただ、やっぱり、まったく怖くない（笑）。

見ていると雛が2羽。それに対して、成鳥は少なくとも2羽、ひょっとしたら3羽いるように思える。やはり集団繁殖しているのだろうか。3羽いるとしたら、給餌《きゅうじ》している集団が他人なのか血縁なのかはわからないのだが、まあ、常識的に言えば血縁だろう。カラス科にはヤブカケスなど、血縁者が集まって集団繁殖する種もあるからだ。ヤブカケスは営巣場所である藪《やぶ》の獲得が難しいので、巣立ち雛が何年も親元にとどまって集団を作り、「一族全体の戦力」を高める。こうして周囲の藪を制圧して縄張りを広げ、そのうち親に土地の一部を分割してもらって、自分たちの縄張りにする。

スペインのハシボソガラスも、血縁者がヘルパーとして子育てを手伝う。面白いのは、スペインのカラスの血統だからヘルパーが出るわけではなく、ほかの場所のハシボソガラスの卵を持ってきて育てさせた場合も、育った子供たちはヘルパーになる。どうやら縄張り防衛が難しいといった事情があると、子供を追い払わずに縄張りに置いておく、という判断がされるらしい。

イエガラスの雛はハシブトなんかと同じく、目の色が薄くて口元が赤い。あと、羽毛に淡色部がなく、全体に黒っぽい。

　面白いことに、コクマルガラスやニシコクマルガラスも若いうちは色が黒っぽく、成長すると白黒になる。また、ミヤマガラスは成長すると鼻羽が抜け落ち、皮膚に石灰質が沈着してくちばしの基部が白くなる。こういうカラスは、見た目で年齢（というか、成熟しているかどうか）がわかるようになっているのだ。しかも、コクマルもニシコクマルもミヤマもイエガラス同様集団生活である。集団内で「オトナ」と「若造」を区別する必要があるのか。非常に興味深い。

　カラスはどこで餌を得ているのかと思い、大通りを外れて、カラスが飛来する方に行ってみた。すぐに舗装が切れて住宅地になり、その向こうに田んぼが見える。だが、カラスの気配はないし、カラスが餌場《えさば》にしそうな場所も見当たらない。楽しそうに水に浸かったスイギュウの背中に、アマサギが乗っかっているだけだ。

　歩いていたら、教会とも集会所ともつかないところの前庭にたむろしていた、目つきの鋭い男たちの一人がこっちに来た。あ、ちょっと危ないかもしれない。ランカウイはどう見ても平和な島だが、「繁華街の裏通り」は世界共通に、一番ヤバそうなエリアである。目を合わせずに通り過ぎようとしたが、間に合わなかった。彼はこっちを手招きすると、「ハローハロー」と声をかけてきた。さらに何か言っている。なんだ？

「ユーサーチンフォールーム？」

　あ、なるほど。かなり聞き取りにくい英語だが、宿を探してるのか？　と聞かれたのだ。ここもゲストハウスか、あるいは、適当に客をつかまえて宿を斡旋《あっせん》しているのだろう。こちらも英語で答えた。

「ありがとう、だが宿はもうあるんだ」

「オーケー。ワットアーユードゥーイン？」

「歩いてるだけだ。なんて言うんだっけ、ジャランジャラン？」

「オーケーオーケー、ジャストウォーキン。ジャランジャラン」

そう言って彼もにっこり笑った。マレー語やインドネシア語で「ぶらぶらする」「散歩する」をジャランジャランという。こういうとき、ちょこっと現地語を混ぜると雰囲気が和やかになる。

「ユー・チャールズ？」

お前はチャールズか？　なんだそりゃ？　考えていたら、繰り返された。

「ユー・チャールズ？」

「いや、俺はチャールズじゃないよ」

「ウェアユーフロム」

「日本だ」

「オー！　ジャパニーズ！」

彼は大げさに驚いた。あ、そうか！　チャールズじゃない。チャイニーズ？　って聞かれたんだ！　ここでも色白のアジア人はとりあえず中国人だと思っておけ、という法則が成立している。

「ジャパニーズ、オーケー、オーケー……バット・ユースピークイングリッシュ」

ついでに、日本人は英語が通じないと信じられていたようである。

晩飯は宿の近くの海鮮中華料理屋に行ってみた。うまそうなハタが生簀《いけす》にいたのだが、注文は一匹単位とのこと。二人で食べるには多すぎるので、代わりに兄ちゃんお勧めの料理をいくつか頼んだ。なかでも「これはビールに合うし絶対おいしいから」と言われたトウモロコシの唐揚げが最高であった。トウモロコシの粒をまとめてかき揚げにし、塩コショウと味の素を振りかけたようなものなのだが、不思議とうまい。今回、飯に関しては本当に外れがない。

旅行の楽しみはいろいろあるし、私たちはもちろんカラス目当て、鳥目当てなのだが、飯がうまければとりあえず幸せになれる。我ながら単純である。あと、細かいトラブルは気にせず笑って済ませることだ（エアコンのブレーカーが落としてあったので動かすまで汗だくで手間取ったとか、動かしたら動かしたで寒すぎて死にそうだったとか、バスルームの床がなぜか小石を埋め込んであって足つぼを刺激するどころか痛くてたまらないとか）。

第一、世の中には「もれなくネタがついてくる」体質の人だっているのだ。台風は来るし目屋の呪いに出会うし、沢に下りればアナグマに出くわすし。

ちなみにその人は今、テーブルの向かいで豆腐と白身魚の餡《あん》かけを食べている。

翌朝、早朝の飛行機に乗るために早起きした。外はまだ暗い。

荷物をまとめてベランダに出していたら、どこかから「トッケー・トッケー」という声が聞こえてきた。やった！　念願のトッケイだ。最大で30センチにもなる大きなヤモリである。正直に言えば電池の切れかけたハト時計みたいな声なのだが、トッケイの声が聞こえるのは幸運の印だという。期待しよう。

そのせいか、宿を出た途端にタクシーが通りかかり、「どこまでだ、乗るか」と聞いてきた。

500メートルほど先のタクシー乗り場に行くつもりだったのだが、グッドタイミングだ。

渋滞もないのでスイスイ走って空港に着くと、明け方の空港は鳥の大合唱だった。ねぐらを作っている鳥がいるのだ。何かわからないが、インドハッカだろうか？　イエガラスの声も聞こえる。

しばらくすると荷物検査が動きだした。バゲッジタグをセルフで印刷してきたら、係員が愛想よく「ハネダ？　おお、これから日本に行くのか！」と言いながらタグを付けてくれた。まただ。行くんじゃなくて、日本に帰るの！


フライトを待っている待合室で、周囲にやたらとアラブ系の人が多いのに気づいた。それもどう見ても観光客だ。目の前にはブルカをかぶった（たぶん）若い女性と、旦那さんらしい男性がいる。なるほど、ムスリムの多いマレーシアは、彼らにとって旅行しやすい国なのだろう。レストラン一つとっても、おそらくハラール認定（イスラム法にのっとった食材を使っているという証明）が普通のはずだ。そう思いながら見るともなしに見ていると、ブルカのご婦人はスマホを取り出してパズルゲームを始め、それに飽きると旦那さんにもたれて寝てしまった。

ランカウイからクアラルンプールへのフライトはまったく問題なし。空港で4時間近く待ち時間があるから、その間に空港周りのカラスを探してみよう。だが、国際線乗り換えという案内板に従って歩き、出国審査のブースに出たところでハタと気づいた。これ、まっすぐ出発ロビーに行く道だ！　しまった、外に出てカラスを探すつもりだったのに！

戻ろうにも入ってきたドアは「戻っちゃダメ」と表示されている。仕方ないので一度、イミグレーションを通り、ロビーに出たところで係員に相談した。「道を間違ってしまった、ビルの外に出て少し鳥を観察するつもりだったのだ」と正直に告げると、係員は「ランカウイから到着して、一度出国審査を通っちゃったんだよね……」と考えこみ、「申し訳ないが、その場合は再入国してまた出国することになる。しかし、この国の入管法では、滞在が４時間以内の場合は空港の外に出ることを認めていない。出発は何時？」と言われた。……あと３時間だ。外には出られない。ううむ、トッケイのご利益もここまでか。仕方ない。空港で食事をし、土産物を買ってフライトを待つことにした。

クアラルンプールから羽田へは約7時間。疲れたので機内食もパスし、機内でペットボトル入りのココマックスという、「ココナッツから作った100％ナチュラルドリンク」を買った。リラックスして寝てしまおうと思い、クイと飲んだら青臭くて薄甘く、吐くほどまずかった。この旅で口にしたなかで、唯一の外れである。

到着した東京は、マレーシアを凌《しの》ぐ蒸し暑さだった。おまけにランカウイではずっと晴れていたのに土砂降りだ。雨はずっと続き、駅から家まで歩いている間にズブ濡れにされた。やれやれ、どうやらトッケイのご利益は、タクシーを拾えたことだけだったようだ。

さて、今回の旅でイエガラスがどういう感じなのかは、なんとなくわかった。まず、あいつらはまったく怖くない。それから、基本的に集団性で、食性や生活ぶりは人間にベッタリ。ヨーロッパのニシコクマルガラスの暮らし方が近いかもしれない。だが、繁殖の詳細はよくわからない。あれはあれで、研究してみてもいい。

ハシブトガラスも一応、見ることはできた。森下さんは「あんなのハシブトに見えない！」と言っているが、私はむしろ、「思ったよりハシブトだったな」という印象だ。イエガラスよりは大きく、ペア単位で暮らして、居場所には必ず樹林がある。この辺がハシブトっぽいと思う理由だ。一方で、森下さんの言う通り、ハシブトにしては小さくて細い。あれでは種の識別も自信を持ってはできない。

私たちは東南アジアのカラスについてはド素人同然だ。ならば、自分の目で現物を見てみるのが第一歩だ。次は東南アジアのハシブトガラスをきちんと見られる場所に行くつもりである。

さあ、どこにしよう？

追記　国際鳥学会の最新の分類によると、東南アジアの「ハシブトガラス」は「イースタン・ジャングル・クロウ（*Corvus levailantii*）」として別種扱いになった。森下さんの「あんなのハシブトガラスじゃない」という言葉は正しかったわけだ。とはいえ、ごく近縁な兄弟として、その野生での生活ぶりやイエガラスとの関係は観察してみたい。

北欧に棲むカラス

白黒のあいつ

「松原君、今度のウプサラの展示さ、行ってきて」

教授にそう言われたのは2017年の6月だった。言われた瞬間に頭に浮かんだのはニシコクマルガラスだ。12年前、ハンガリーで一度だけ見る機会があったが、ちゃんと観察したことがない。ヨーロッパではごく一般的な鳥で、都市部にもよくいるはずなのだが。森下さんは「ドイツにはドバトみたいにいっぱいいいた」と言っていたので、私もぜひ見たいのである。カラス屋としては、ニシコクマルガラスをちゃんと見ないとヨーロッパに行ったとは言えない。ビートルズのファンがアビーロードを素通りできないのと同じである。

ニシコクマルガラスは最近ちょっと分類が変わり、*Corvus*（カラス）属ではない、ということになった。新たな分類では、コクマルガラスとニシコクマルガラスは*Coloeus*属だ。ということで厳密に言えば狭義のカラスではなくなってしまったのだが、今までのよしみで「ほぼカラス」として扱うことにしよう。

とにかく、ニシコクマルガラスといえば動物行動学の始祖の一人、コンラート・ローレンツが研究した鳥であり、人家に営巣することもある都市鳥で、集団で営巣する社会性の鳥でもある。いろんな意味で興味深い。ヨーロッパで「街なかのカラス」と言うと、ハトほどの大きさのニシコクちゃんなのだ。ヨーロッパでは愛されているとまでは言わないが、嫌われてはいないようだ。巨大なハシブトガラスがいる日本とはまったく違う。

また、ニシコクマルガラスは成鳥になると頰から首のあたりに銀白色の差し毛が入り、全体が白黒っぽくなる。このように年齢による色彩二型がある鳥はよくあるが、カラスでは珍しい。ちなみに日本にも越冬に来るコクマルガラスも同様で、幼鳥は黒いが、成鳥になると白黒のツートンカラーになる。

ヨーロッパのカラスといえば、ニシコクマルガラス、ミヤマガラス、そしてハシボソガラスもしくはズキンガラスだ。ワタリガラスもいるが、そう簡単には見られまい。ハシボソガラスとズキンガラスは同種とされることもあるが、現在、国際鳥学会のリストでは別種扱いになっている。とはいえ、大きさやシルエットはそっくりで、行動もよく似ている。ただ、色合いだけが違う。ハシボソガラスは真っ黒だが、ズキンガラスは白黒（ないし灰色と黒）である。

ヨーロッパのミヤマガラスは厳密に言うとユーラシアの西側の個体群で、日本で越冬する東側の個体群とは異なる。とはいえ、ミヤマはミヤマだ。日本でも冬になると広い農地に大群でやってきて、黙々と地面をつついていたり、送電鉄塔にズラリと並んで止まっていたりする姿は見られる。だが、日本に来るミヤマガラスの繁殖地は中国東北部あたりだから、営巣が見られない。もしミヤマガラスの営巣の様子が見られたら素晴らしい。もちろん、それがどういうものかは論文を読めばわかるのだが、実際に見るのと、他人が観察した結果を読むのとでは、印象も感動も全然違うのである。

ウプサラ滞在は４日間。ウプサラ大学博物館での展示設営、および交換展示に関する打ち合わせと、展示のオープニングレセプションに出席するのが仕事だ。だが、半日でも空き時間があれば鳥は探せる。早起きして仕事前に探してもいいし、昼飯をさっさと切り上げて鳥を探したっていい。かくして、私は「ニシコクマル絶対見る。ズキンガラス絶対見る。ミヤマ見られたら最高」と念じながら、空港に向かったのであった。


成田空港でウェストパックに入れていた財布をポケットに移し、ウェストパックは外して登山用のでかいザックに入れた。というのも、私のウェストパックには方位磁石やら携帯灰皿やら小型ライトやらコンパクトミラーやらホイッスルやら、得体の知れないものがごっちゃり入っており、保安検査を通るのが面倒そうだからである（言っておくが違法なものはない）。

大きな荷物がなぜスーツケースでないかといえば、理由は簡単、今まで旅という旅をザックで済ませていたので、スーツケースを持っていないからである。今回はちょっと気を使うレセプションもあるのでスーツとネクタイとカッターシャツを用意しているのだが、それもなんとか畳んで丸めて、ザックの中だ。設営作業があるので、さすがにドレスシューズはパスした。履いている黒のデザートブーツで勘弁してもらおう。

搭乗口で一緒に行くＳ先生、Ｏさんと合流した。二人とも私の勤務する博物館のスタッフだ。Ｓ先生はウプサラ大とつながりがあるので同行してもらうことになった。Ｏさんは英語に堪能なので、標本の貸し出し条件を細かく取り決めるときにいてくれると助かる。さらに、イギリス滞在中のKさんもスウェーデンで合流する予定だ。彼も博物館の同僚である。

我々が乗る飛行機はオランダのスキポール空港行きで、そこから乗り換えてスウェーデンのストックホルム空港に到着する。結構な長旅だ。

ボーイング777に乗り込むと、さっそく「安全のしおり」を手に取った。別に心配性なわけではなく、機体やエアラインごとに特徴があって面白いからだ。機種によっては「非常口のドアを外して機外に落とせ」と指示してあり、本当に投げ捨てている絵が描いてある航空会社もある。残念ながら、KLMオランダ航空のイラストは、ごく真面目《まじめ》であっさりしていた。

もう一つ残念だったのは、席が胴体の真ん中で、外がまったく見えなかったことである。私が一番好きなのは、翼のすぐ後ろの窓際だ。そこからだと景色だけでなく、翼がよく見えるからである。着陸アプローチのため機首上げ姿勢になったときにスラットが開き、白いヴェイパー（圧力変化で生じた雲）とともに気流が吹き抜けるのを見るとドキドキする。鳥が翼を操り、風切羽を開閉するように、航空機も翼についたさまざまな装置を駆使して空を飛ぶのだ。

滑走を開始する前、両翼から低い音が聞こえてきた。フラップを下げる音だ。

鳥と違って、飛行機は翼を捻《ひね》ったり縮めたりできない。だから、離着陸時に揚力を増やすため、翼の後縁を折り下げる。これがフラップである。現代の旅客機は多段スロッテッド・フラップを備え、後縁からフラップが何段にも滑り出して面積を増やしつつ折れ曲がる。しかも、上面の空気が剥離《はくり》しないようにフレッシュな気流を吹き込む隙間まであける念の入れようだ。

滑走路で一時停止した後、エンジンのタービン音が高まったと思うと、ドン！　と腰を押されたような衝撃とともに離陸滑走が始まった。この、ジェットエンジンの推力の強大さを感じる瞬間も好きだ。ボーイング777－300ERが搭載するゼネラル・エレクトリックGE90－115Bターボファンエンジンは推力50トンもある。理屈だけで言えば、大型乗用車を20台以上も垂直に浮かせる力があるわけだ。これを2基、装備する。

広い空港では速度を感じにくいが、離陸速度は時速300キロメートルに達するはずだ。滑走路脇の誘導灯が見分けられない速度で吹っ飛んでいく。グイと機首が上がり、ノーズギアが地面を離れた。さらにメインギアが滑走路を離れた瞬間に機体の振動がピタリとおさまり、機械仕掛けの鳥は空に舞い上がった。窓の外には地面が遠く見えているだろう。渡り鳥が見下ろすのと同じ景色が。

さて、機内食はまったくなんの変哲もない、チーズマカロニだった。アメリカあたりの、チンするだけで済む晩飯の定番、とけたチーズを絡めたマカロニである。まずくはないが、なんというか、料理に対する情熱が感じられない。考えてみたら、オランダの料理、というのが何も思い浮かばない。エダムチーズとゴーダチーズくらいか。

まあカラスならこれは食うだろう。カラスはだいたい、ハイカロリーなものが好きである。パスタも好きだ。とはいえ、彼らの味覚はよくわからない。好きなものはあるが、嫌いなものなんてない、というのが真相かもしれない。

幸先のいい出会い

11時間かけて飛行機はスキポール空港に到着。入国管理はにこやかですぐに済んだが、セキュリティチェックは厳重だった。身につけたものを全部外すように指示があり、機械の前で両手を上げて立った後、ボディチェックがある。EUの玄関口でもあり、テロ対策は厳しいのだろう。

空港ターミナルビルはむやみに長い。我々の搭乗口はビルのほとんど反対側の端っこだ。乗り換え時間にあまり余裕がないので、急いで搭乗口に向かう。

と、通路の窓の外の非常階段に、ハトくらいの鳥がヒョイと止まったのが見えた。頭が大きい。ハトではない。色は黒っぽいが、一部が灰色に見える。

ニシコクマルガラスだっ！

私は急ぎ足から急停止し、窓に近寄った。途端、カラスはさっと逃げてしまった。

あああ、しまった！　待っていれば戻ってくるか？　だが時間がない！　泣く泣く、搭乗口に急ぐ。

行ってみたら、飛行機は影も形もなかった。表示されているのは「遅延」のみ。そのうちアナウンスがあり、機材到着が遅れるので、少なくともあと1時間はかかるとのこと。

「じゃあ、1時間後に、ここに集合にしましょう」

S先生がそう言って、一時解散になった。よし、ならばやることはただ一つだ。私は手荷物のデイパックから双眼鏡とカメラを取り出し、さっきの窓辺に駆け戻った。

案の定、鳥は戻ってきていた。今度は脅かさないよう、知らんぷりをしながらそっと近づく。間違いない。ニシコクマルガラスだ。通路の屋根と、非常階段を行ったり来たりしている。何かくわえてきて鉄骨の間に隠しているようだ。見ていると2羽になった。一羽は首のあたりの銀白色がはっきりしている。こっちがオスなのだろう。この種の特徴の、銀白色の虹彩がよくわかる。一言で言えば「三白眼」なのだが、白く見えているのは白目ではなく虹彩、人間で言えば黒目部分だ。鳥の目はほぼ黒目しか見えていないが、それが白いのである。真ん中に黒く見えるのは瞳孔だ。

そのせいで小さな黒目がギョロギョロして目つきが悪く見えるのだが、カラス同士でお互いの視線を判断しやすくし、アイコンタクトを行うためだろうと言われている。実際、実験下のニシコクマルガラスは、世話係の視線を読み取って餌の在りかを探知できるという報告がある（ただし、カラス同士でも視線を交わしているという証拠は、まだない）。

ニシコクマルガラスをじっくり見るのは、これが初めてだ。

ニシコクマルガラスが面白いのは、複数のペアが寄り集まった集合住宅みたいな繁殖を行う点だ。また、集団性が強く、コロニーに近づく敵から共同防衛をすることもあるという。日本で繁殖するハシブトガラス、ハシボソガラスはペアごとに明快な縄張りを持ち、ほかのペアとは距離をおいて繁殖している。つまり、繁殖個体の生活単位がまったく違うのである。

デッキに出てみると、建物の屋上付近にニシコクマルガラスが何羽もいるのが見えた。動きの単位はよくわからないが、確かに2羽でぴったり寄り添っている個体が混じっている。だがカラス類は繁殖に先立ってペアを作ってしまうので、ペアだから繁殖個体だとは言えない。こいつらは一体、どういう集団だろう？

残念なことに、空港では距離が遠くて十分に観察ができなかった。滞在先にもいてくれることを期待しよう。

やっと到着した飛行機に乗り、ストックホルムについたのは、もう夜だった。空港は街からかなり離れており、周囲は真っ暗だ。

荷物を受け取ってロビーに出てくると、Kさんが先に到着していた。Kさんは博物館の同僚だが、このときは研究のためロンドンに長期滞在していた。ウプサラでの仕事のため、ロンドンから呼び出されたのだ。自分の研究の時間を削って来てくれたわけだが、設営作業に慣れたKさんがいてくれるのは心強い。というか、いてくれないと作業がおぼつかない。

Kさんは2時間以上前に到着して、ウプサラ大が予約してくれていたタクシーをつかまえておいてくれたとのこと。タクシーが「お前の連れが来ないならもう帰る」と渋るのを「まあまあ、飛行機が遅れてるだけだから」となだめて待たせておいてくれたらしい。でなければ結構な額のタクシー代をこちらで払うハメになっていたかもしれない。ウプサラは70キロも先だ。

タクシーはさすがというか、ボルボのワゴンだった（ボルボは現在、中国資本だが、もとはスウェーデンのメーカー）。これにスーツケースとザックを詰め込み、ウプサラに向かう。旅行ガイドを見たときに「ウプサラまで列車で40分、車でも45分か50分」とはどういうことかと思っていたのだが、車のメーターを見て納得した。ものすごい速度だ。ボルボは高速道路に乗ると時速140キロメートルで淡々と走り続け、見事に45分で目的地に着いた。その間、タコメーターはピタリ、3000回転を指したままだった。そんな速度でもビシッと安定しているうえに、たとえ揺れても車体がミシリともいわなかったのは見事と言うほかない。衝突安全性で有名なボルボだが、なるほどこんな高速で飛ばしながら道路の継ぎ目などの衝撃を受け止めるにも、ヤワな車体ではもたないだろう。

車好きな友人曰《いわ》く、ヨーロッパ車は日本車より高い速度域で乗り心地が良くなる「スイートスポット」があるという。逆に低速だとゴツゴツして良くないとか。どの辺に焦点を当てて設計するかが違うのだろう。動物だって生息環境が違えば形も能力も違う。

ウプサラのホテルについたのは午後10時近く。それぞれの部屋に分かれ、荷物を置いた。なにはともあれ、飯を食わなければ。

とにかく外に出てみた。真っ暗な街に冷たい小雨が降っている。道路には人通りがなく、車さえも通らない。信号が虚《むな》しく灯るばかりだ。

明るい窓辺を見つけて近寄ったが、それは本屋がショーウィンドウに灯りを入れているだけだった。とっくに閉店して店内は真っ暗だ。「神」と微妙におかしな漢字を大書した本が飾ってある。英語タイトルは「Modern Japanese Religions（近代日本の宗教）」……ああ、それで神。

タクシーから見た景色を思い出し、ホテルに隣接した学生会館みたいなところに向かう。パブらしきものがあったような気がする。

窓から中を覗くと、幸い、客がいた。しかも、その客がこっちに向かって手を振った。

誰かと思ったらKさんだ。さっきホテルのお互いの部屋の前で別れたばかりだ。

店に入ると、彼はバケツ二つを前にしていた。一つ目のバケツは巨大なビールのグラスだった。二つ目のバケツには、フライドポテトが山盛りになっていた。

「食べるもん、これしか無いらしいですけど、よかったら食べてください。どうしようかと思ってたんで」

Kさんがそう言ってくれたので、ありがたくごちそうになることにした。うん、これは二人で食べても飽きる量だ。フライドポテトはカラスの好物だが、これなら10羽くらい御招待できる。たぶん、食べきれないぶんはその辺の建物の上や落ち葉の下などに隠して回るに違いない。いや、私もフライドポテトは好きだが。

とりあえずビールを頼もうとカウンターに行くと、金髪を後ろで束ねた、絵に描いたような北欧風のスレンダーなお姉さんが一つのタップを指差し、「これはスウェーデンのビールよ」と教えてくれた。なに、ファルコン？　ハヤブサか。カラスはないのだろうか。

ハヤブサの顔を描いた、メーカーのロゴ入りグラスを持ち、Kさんのテーブルに戻った。

「松原さん、このへん、店なんもないっすね」

「僕もちょっと見たんですけど、ここしか開いてないっぽいですねえ」

Kさんはフライドポテトをつまみ上げて眺めながら、苦笑まじりに言った。

「ひょっとして、毎晩、コレですかね？」

鳥屋だから仕方ない

翌朝。

朝食後、ウプサラ大学博物館「グスタヴィアヌム」を訪ね、関係者との顔合わせと打ち合わせを済ませる。展示室を見せてもらい、一足先に日本から到着している展示品のコンテナを確認。

さらに作業の進め方や、借りられる道具類などを相談する。展示設営には細々とした道具が必要だ。電動工具などは現地で借りることになっていたが、使い慣れた道具も持ち込んである。

工具類を出してくれたダニエルさんはガッチリした体つきに青いツナギを着込み、坊主頭でヒゲ面だった。大変に親切な人なのだが、彼が大きな輪っかに通した鍵束をガチャガチャ言わせながら鉄の格子戸を開けていると、どうしても看守にしか見えなかった。ちなみに彼は「オフィスに水とコーヒーとスナックがあるから、いつでも休憩に来るといいよ」と言ってくれたうえ、午後になると我々が作業しているところに顔を出し、「あのさ、そこの部屋にコーヒー持ってきたから、飲むといいよ」とまで言ってくれた。スウェーデンにはフィーカといって、午前10時と午後3時にコーヒーとお菓子で休憩する習慣がある。休憩もなしに作業を続けている我々を見て、心配になったのだろう。


その日の作業を終えて「晩飯を食べよう」ということになり、みんなで外に出た。前にもウプサラを訪れたことのあるS先生に付いていくと、賑わったエリアはグスタヴィアヌムからホテルの反対方向に下り、川を渡った先だった。よかった、昨夜のパブでイモを食わなくても済みそうだ。

石造りの古いビルが並ぶ街区を歩いていたとき、私は鳥が視界の隅を矢のように横切ったのに気づいた。暗くなってきているが、間違いない。ハトくらいの大きさだが、シルエットと飛び方はハトというよりムクドリ、あるいはちょっと速度が速いが、カラスにも似ていた。とすると、もしや、ニシコクマルガラスか？　どこかに止まっていないかと思い、上を向いてきょろきょろしていると、私の不審な動きにKさんが気づいた。

「何かありました?」

「いえ、鳥が飛んだので」

「松原さん、そろそろ見えないものが見えてきてるんちゃいます?」

「いや、あれは絶対本物ですってば」

そう言いながら歩いていると、鳥の群れに遭遇した。
10、20、いや、50羽以上いそうだ。行先を確かめると、通りの先に木立が見え、そこに次々と鳥が飛び込んでいるのが見えた。「キュッ!」というムクドリのような声が続けざまに響く。ニシコクだ! きっと、ねぐらだ!
私は双眼鏡を握りしめて道路を突っ走った。身をひねって前を歩く二人連れをかわし、50メートルほど走って足を止め、双眼鏡で確認する。間違いない。薄暗い中、木立にニシコクマルガラスが何羽も止まっているのが見える。「チョック!」と聞こえる声もする。コンラート・ローレンツが書いていた通りだ!

鳥の声を人間がわかりやすく言葉で表現するのを「聞きなし」という。ウグイスの「ホーホケキョ」やホトトギスの「テッペンカケタカ」が代表的だ。聞きなしまでいかなくても、図鑑を見ると鳴き声がカタカナで書いてある。今、手元にある『日本の野鳥650』を繙《ひもと》くと、エナガは「チーチー　チリリ　ジュリリ」でメジロは「チョイチョイチューチュルル……」となっている。

ところが、欧米にはこういう例が少ない。図鑑を見ても、見分け方は詳しく書いてあるが、鳴き声はよほど特徴的なものしか触れていないことが多い。英語でアルファベットの綴《つづ》りで鳴き声を表す例といえばニワトリのCock-a-doodle-dooとかカッコウのcuckooくらいだろう。北米にチカディーというコガラによく似た鳥がいて、こいつの鳴き声はChick-a-dee-dee-dee（チッカ・ディー・ディー・ディー）ということになっているが、こういうのは例外的だ。

これはおそらく、日本語にはオノマトペが異常に多いことと関係する。漫画の書き文字を見てもらえばわかるが、擬音語・擬態語のオンパレードだ。そのせいか、日本人は鳥の鳴き声をカタカナで写し取ろうとする。キビタキはポッピリリ、クロツグミはキョロンチー、イカルはフィフィーフィーでセンダイムシクイはチヨチヨビーだ。

とはいえ、カタカナで書いても音の聞こえ方は人によって違う。カッコウが英語でも「クックー」なのは人間の耳の共通性を感じさせるが、ニワトリが「コッカドゥードゥルドゥー」なのはいまひとつピンとこない。ロシア語の馬のいななきに至っては「イゴーゴー」である。

さて、それはともかくニシコクマルガラス。ローレンツが飼っていたニシコクマルガラスの名前はチョックだった。その個体はローレンツに大変懐《なつ》いており、彼の姿が見えないと「チョック！　チョック！」と鳴きながら家の中を飛び回るので、とうとうその鳴き声が名前になったのだという。家族かペアのパートナーか、あるいは自分の属する集団のメンバーか、とにかく仲間に対して「自分はここだ！」と知らせる鳴き声なのだろうか。だが、ここに集まっている100羽を超えそうな群れが、緊密な1集団ということはあるだろうか？　いくつもの群れが合流しているのでは？　そう考えると、彼らはもっと小さなグループの関係性を保ったままで「どこだ！」「ここだ！」といった呼び声を交わしながら、ねぐら入りしているのだろうか？

観察していたら、さっききわどく追い抜いた女の子二人が通り過ぎていった。笑いながら「フォーゲル（鳥）」と言っていたのが聞こえたから、先ほどの無作法も鳥屋なら仕方ないと思ってくれたようだ。

ねぐらがあるのは塀に囲まれた公園のようなところだ。もう門は閉まっている。どこだろうと思って看板を見たら、リンネガルテンと書いてあった。なんと、ウプサラの誇る18世紀の博物学者、リンネが再建した植物園だ。リンネは現在も使われる学名の命名法を整理し、広めた人である。

学名は世界共通で、しかも一種に一つ、固有の学名がつけられる。学名ならバッチリと特定の種を定義でき、かつ、世界中の学者に通じるのだ。これがなければ、生物学者は生物種を定義できないし、論文も非常に書きにくい。一体どの種の話をしているのかわからなくなるからである。統一され、かつ進化の系統を反映した二名法による学名は、生物学の基礎の基礎と言っても過言ではない。というわけで、生物学者、いや生物に興味のある人にとっては、おリンネ様さまだ。リンネが学名をつけた生物は数多い。学名の命名者のところにLと書いてあったら、リンネのことだ。あまりに多くの動植物に学名を与えたため、Linnaeusと全部書くのが面倒で、イニシャルだけで済ませてしまったからである。頭文字Lの人なのだ。*Corvus corone*（ハシボソガラス）も*Corvus corax*（ワタリガラス）も、学名の命名者はリンネである。

なんにしても、リンネガルテンはもう閉まっている。振り向いてS先生たちを探したが、見当たらなかった。しまった、鳥に熱中しているうちに、店に入ってしまったのか。

その辺の店を覗いて、やっと合流。ここでサンドイッチとラザニアを注文したら、予想の2倍くらい大きかった。値段も日本の2倍だった。味はよかったが、完食するのがちょっとつらい。

リンネの街の爺さん

翌日には日本からN教授も到着した。展示設営作業は、途中でいろいろと困難もあったが手早く進み、2日目の午後にはほぼ終了した。最長で3日かかってもいいようにスケジュールを組んだので、1日強、余裕があったことになる。

さて、今夜はグスタヴィアヌムの館長、マリカさんがホームパーティに招待してくれている。スウェーデンでは外食すると高くつくので、彼らはホームパーティが好きなのだと聞いた。7時にホテルの前に集合と言われたから、数時間の余裕がある。よし、ならば鳥を見ていよう。私はグスタヴィアヌムの裏手、ウプサラ大学との間の公園に行った。

今日の昼、大学の学食から戻ってきたところで、茂みの下から走り出てきた黒い影のような鳥を見た。たぶん、クロウタドリだ。ツグミの仲間だけあって、日本で言えばシロハラみたいに、藪に潜むように暮らしているのだろう。また出てこないだろうか。ズキンガラスが飛んでいたのも見たし、樹上で「フィフィフィフィ」と鳴いていたのはゴジュウカラに違いない。

日本の温暖な地域では標高1000メートル級の山に行かないと見られないゴジュウカラだが、北海道なら平地にいる。北欧もまた然《しか》り。今朝、朝食前にホテルの周囲を散歩したら、ゴシキヒワとルリガラもいた。ヨーロッパではごく普通な種だが、アジアでは絶対に見られない。あと、はるか上空を横切っていった群れはハイイロガンのようだった。これまたローレンツが愛し、研究した鳥だ。そしてスウェーデンといえば『ニルスのふしぎな旅』、ガンの群れが登場する物語の舞台だ。そう思ってよく見たが、ガンの群れにガチョウは混じっていなかった。

こんなふうにヨーロッパの論文や物語を読んでいるとごく当たり前に出てくる、しかし日本にはいない鳥が目の前にいると、なんだか不思議な気分だ。なるほどヨーロッパに来ているのだと実感もする。

小道を歩いていると、ほんの5メートルほど先に小鳥がいるのに気づいた。スズメっぽいが、こいつは要注意だ。ヨーロッパの街なかにいるのはスズメではなく、イエスズメだ。オスは頭のてっぺんが灰色で、ちょっと生意気な色合いをしている。メスはスズメというよりホオジロ科のメスのようで、地味だ。

スズメを見て喜んでいるのは奇妙かもしれないが、ヨーロッパには2種のスズメがいる。日本にも、ごく普通のスズメ以外に、ニュウナイスズメという鳥がいる。日本では北日本の一部でしか繁殖しないから、それ以外の地域では、夏には見る機会がない。冬鳥として見かけるのも、農地や芝生が広がるところに限られる。スズメに見えてスズメじゃない！　というのは、バードウォッチャーにとってちょっとテンションが上がるのである。『ドリトル先生』に出てくる、あの生意気なロンドンスズメのチープサイドもイエスズメである。

だが、公園にいたのはイエスズメではなかった。見慣れたチョコレート色とオフホワイトの体、ほっぺの黒い斑点《はんてん》。日本でおなじみのスズメであった。いやいや、落胆してはいけない。スズメとイエスズメが同所的に分布するなら、何が2種の分布を分けているのか、それを見てみるのも面白い。

ざっと見て回ると、公園にいるのはスズメばかりだった。ところが、そこから石畳の道を通って街に入ると、急にイエスズメが出てきた。引き返してくるとまたスズメになる。どうやら土があって草があって木が生えているところはスズメ、石畳の街並みはイエスズメという住み分けらしい。そういえばスズメの英名はTree Sparrowだ。ヨーロッパでは樹林性の鳥ということか。リンネが名付けた学名の*Passer montanus*も「山のスズメ」を意味するが、なるほど、この様子を見てつけた名前なのだ。

ベンチに座って休憩していると、向こうからトートバッグを持った爺さんが歩いてくるのが見えた。

芝生を突っ切って歩いてきた爺さんは、私と同じベンチに座った。ほかにもベンチはあるのに、なぜわざわざ。「タバコくれないか」と言われるパターンだろうか。

だが、爺さんはポケットからシガリロを取り出すと、マッチを擦って火をつけた。

「＊＊＊＊＊」

何か話しかけてきた。マッチ箱を差し出して、「ほら、このマッチは」と言っているらしい。太陽と子供の図柄だが、これは一体？

「＊＊＊」

爺さんはゴツイ指先の真っ黒な爪で太陽を指し示しながら言った。

「＊＊＊」

次に子供を示した。

「＊＊＊、＊＊＊、＊＊＊、＊＊＊＊＊」

スウェーデン語のようだが、すいません、まったくなんにも一言だってわかりません。海外に行くときは行き先の言語を多少は覚えることにしていたのだが、今回は時間がなくてほぼ手付かずだ。イエス・ノーとか「すみません」「ありがとう」くらいしかわからない。北欧の人はほぼ例外なく英語がわかるので、それに期待していたのだが。

「＊＊＊＊、＊＊＊、スヴェンスカ？」

スヴェンスカ。「スウェーデン語」とか「スウェーデンの」という意味だったはずだ。たぶん、「スウェーデン語はわからないかい」とでも言われているのだろう。よし、なんとか答えてみよう。かろうじて覚えている単語をかき集める。

「ウーシェクタ・メイ、ナイ・スヴェンスカ（すみません、ノー・スウェーデン語）」

爺さんは笑って、何か続けた。ん？ イングリッシュって言った？ 今のは癖っぽいがたぶん英語だぞ？ そう思ったら、爺さんはことさらにゆっくりと言葉を繰り返した。

「Do, you, speak, English?」

「Yes, I speak English」

「OK, OK」

爺さんはくわえタバコでにっこり笑うと、英語に切り替えた。そして「日本人か」と聞いた。

「はい、日本人です」

「日本人とスウェーデン人は似ている。わかるか？ どちらも勤勉だ」

そう言って爺さんは笑うと、私が首から下げている双眼鏡を指差して、「鳥を見てるのかい」と言った。

「はい、そうです」

双眼鏡を見せると、ちょっと覗いてから、「俺の持ってるのよりよく見える」とつぶやいた。

「この公園には鳥がたくさんいる。ほら、あそこに」

爺さんは舞い降りてきたカササギを指差した。ヨーロッパの公園にはよくカササギがいる。ゴミ箱をつついているのも、カササギであることが多い。「いたずらもの」は日本ではカラスだが、こっちではカササギなのだ。

「*Pica pica*だ。知ってるか?」

爺さんは渋い声で、はっきりとそう言った。

驚いた。*Pica pica*はカササギの学名だ。スウェーデン語でカササギはskatorと言うそうだが、スウェーデン語を知らない私のために、世界共通である学名で言ってくれたのだ。日本人なら、バードウォッチャーでも学名を知っている人はあまりいない。同じヨーロッパ系の言語ということで彼らには多少覚えやすいのかもしれないが、ラテン語とスウェーデン語ではだいぶ違う。さすが、リンネゆかりの街だ。

爺さんは傍らに置いたトートバッグを漁り、ワインを取り出すと、しかめっ面でラベルを読んだ。

「南アフリカ産だ」

そう言ってこちらにワインを見せると「これは安いが、なかなかうまい」と言った。さらにラベルを読みながらぶつぶつつぶやき、キャップを捻ると、グイと一口呷《あお》ってから、こう言った。

「ほんとは違法なんだがな」

どうやら、公園や道路で堂々と酒を飲むのはよろしくない、と言っているらしい。続けて爺さんは食べ物がどうとかつぶやいた。おそらく、公園でも何か食べるついでにちょっと酒を嗜《たしな》むならいいが、酒だけを飲むのはダメだ、ということか。アルコール依存症対策なのだろう。

ワインを二口やると、爺さんは両手を握り合わせ、口にあてがって吹いた。ポー、ポー、とツツドリの声のような音が鳴った。

「こう握って吹くんだ。空気が漏れないようにしっかり握って。違う違う、そうじゃない。それは間違ったやり方だ。下に向かって吹くんだ」

爺さんに教えられて何度かやっていたら、ポオーッという音が出た。日本にも手を握ってハトの声のような音を鳴らす技があるが、それに似ている。

といって、別にハトの体内に人間が手を握り合わせたような器官があるわけではない。鳥の音声は鳴管《めいかん》という、気管の末端、左右の肺への分岐点にある装置で作られる。鳴管は左右に対をなしており、普通は片側しか使わないのだが、鳥によっては両側を使って複数の音を同時に発生させることもできる。

音の高さは鳴管の振動数で決まり、さらに気管から口までの間で共鳴させることで増幅される。手笛の音がハトの声に似ているのは、たまたま振動数や共鳴部の大きさがハトと同じくらいだった、ということだろう。

ニシコクマルガラスとズキンガラスをめぐる考察と妄想

翌日。朝から大学図書館を訪ねて貸出品の交渉をした後、教授とS先生は古本屋巡り、OさんとＫさんはストックホルムで美術館を見てくるというので、私は鳥を探すことにした。

まずは大聖堂を見にゆく。今回の展示をサポートしてくれているウプサラ大のアールンド教授が「ウプサラ名物のカラスがいる」と言っていたからだ。聖堂に集団で住み着いているなら、たぶん、あいつだと思うが……いるいる、「チョック！　チョック！」という声がしている。教会の屋根の上や尖塔《せんとう》のあたりに止まっている、ハトくらいの大きさの丸っこい影も見える。やっぱり、ニシコクマルガラスだ。

そのうち、一羽が少し降りてきて、ステンドグラスの窓辺に止まった。そのあたりをずっとうろうろし始める。どうやらその場所にご執心のようだ。５分ほど見ていると、もう一羽のニシコクマルガラスがやってきた。おや？　これはペアなのか？

一羽がサッと飛び、聖堂の壁のレンガが抜けた箇所に止まった。レンガ１個分の小さなくぼみだが、その中に踏み込むと、体の向きを変えて、くぼみの中に入ってみせている。だが、顔は外に出したままだ。

ははあ、これはメスに対して、営巣場所を確保していることをアピールしているに違いない。もちろん、今は秋だから、繁殖期ではない。ニシコクマルガラスは実際に営巣するよりずっと早く、こうやってメスに求愛してペアを作るのだろう。そして、その重要なアピールポイントは巣穴というわけだ。

巣穴でアピールというのは、樹洞営巣性の鳥類の営巣場所の貴重さを考えれば理解できる。自然界において、敵が近寄らず、雨風をしのげて、安定して巣を作ることのできる理想的な巣穴なんてそう多くはない。崖の割れ目やくぼみ、木の洞《うろ》などだろう。だからこそ、「オレ、実は巣穴持ってるんだぜ」というアピールがオスの武器になる。日本でもムクドリはこういう傾向があり、営巣時期よりもかなり早いうちに巣穴をめぐる激しい闘争がある。彼らもまた、戸袋や屋根の穴など、大きめの巣穴が必要な鳥だ。

周りを見るが、ほかのニシコクマルガラスは近づいてこない。大聖堂にはいるが、隣の尖塔とか、避雷針のてっぺんに止まっている。ということは、集団繁殖するとはいえ、ペアのプライベートな空間というのはあるのだ。コンラート・ローレンツが家の屋上で1集団を飼っていたというが。それに、日本で見かける近縁種のコクマルガラスは非繁殖期とはいえ、いつも群れているので、もっと狭い範囲にぎっしり密集するのかと思っていた。そうとも限らないのか。

だが、考えてみれば、状況に応じて鳥の営巣密度や距離感が変わるのは当たり前のことだ。20年余り前の上野公園では、ハシブトガラスがそれこそ並木一本ごとに営巣し、隣の巣まで10メートルくらいしかなかったという。普通、ハシブトガラスは直径数百メートルはある縄張りを持ち、その中にはつがい相手と自分の子供以外のカラスの存在を許さない。そして、餌も基本的に、縄張りの中で採っている。だが、上野のように密集した例では、巣の周辺だけを防衛して、餌場は事実上、共用になっていたと考えられる。これは公園が超過密で周囲の縄張りを追い出せないうえ、駅前の繁華街にはゴミが溢れ、独占する必要もないくらい餌が豊富だったからだろう。みんなで食べても困らないほど餌があるなら、わざわざ防衛を行って無駄な体力を使う必要もない。

ニシコクマルガラスの繁殖は上野公園のハシブトガラスの状況に近いようにも思えた。カラスの繁殖生態はさまざまだが、まったく別個のものではなく、連続しているものでもあるのだ。

ニシコクちゃんを観察していると、背後で「ガア！」というハシボソガラスに似た声がした。

似ているが、なんとなく違う。もう少しかすれた感じというか、息が漏れているような声だ。急いで振り向くと、50メートルほど離れた屋根の上に、白黒のカラスがいる。頭と翼と尾が黒く、あとは灰白色。下尾筒《かびとう》あたりも黒っぽい。「カラスは黒い」という日本の常識を覆す鳥、ズキンガラスだ。

ズキンガラスはロシア中央部から東欧、北欧、トルコ、イタリアあたりに分布する。というか、ヨーロッパでズキンガラスがいないのは西欧の一部とイギリスだけだ（アイルランドにはズキンガラスがいるらしい）。ハシボソガラスにごく近縁な種類である。

ズキンガラスは最近までハシボソガラスの亜種とされていた。その場合、ハシボソガラスはユーラシアの西から東まで広く分布し、その中に西欧のハシボソガラス（*Corvus corone corone*）、その東のズキンガラス（*C. c. cornix*）、極東のハシボソガラス（*C. c. orientalis*）の３亜種がある、という分類になる。ズキンガラスは色合いがまったく違うのに亜種扱いだったのは、ズキンガラスとハシボソガラスの分布が接するあたりでは両者が交雑し、雑種ができるからだ。交雑個体にも繁殖能力がある。

別種と亜種の区分は微妙だが、最近の見解ではハシボソガラスとズキンガラスは別種ということになった。というのは、交雑できるにもかかわらず、白黒タイプが広まってゆかないという妙な事情があるからだ。

もし、真っ黒タイプと白黒タイプが完全に交雑可能なら、両者の遺伝子は交雑を通してどちらの個体群にも広まり、やがてどの地域でも２タイプが見られるようになるはずだ。ところが分布は今も分かれたままである。ということは、交雑か、その後の交雑個体の生存や繁殖を阻む何かがあるのだ。

細かく調べると、ハシボソガラス×ズキンガラスのペアは繁殖成功度がわずかに低いことがわかっている。交雑はできるのだが、その交雑は同タイプ間とまったく同じ結果にはならないのである。２種の生息環境も微妙に違う。

また、最近の研究では、両者の遺伝子は羽色に関わる部分のほか、視覚認知に関わる部分にも差があることが判明している。この研究では、視覚認知に関する違いから「見た目に対する好み」が違うのではないか、という考察がなされている。まだ確かめられたわけではないが、ありえないことでもないだろう。さらに、ズキンガラスのほうが攻撃性が低い可能性も指摘されている。となると、ハシブトにとって見た目からしてあまり魅力のない相手で、ペアになっても必ずしも繁殖がうまくいかないし、ズキンガラスのせいでペアの防衛力が下がる、ということもありうる。

もっと妄想をたくましくするならば、これらの出来事は互いに関係している、かもしれない。ハシボソガラスもズキンガラスも、若い間に集団内でペアを作り、２羽がかりで縄張りを確保して繁殖する鳥だ。このときにモノをいうのは集団内でのランキングである。もし、自分と同じ色の個体を好むなら、高位の個体は自分と同じ色の連れ合いを得ることができるだろう。だが、劣位個体はどうか？　彼らはペア争いに勝てず、あぶれてしまう。その結果、「見た目はイマイチだが違う色の相手でもいいか？」と判断することも、ありえなくはないのではないか。両者の攻撃性が違うなら、さらにこの傾向は加速されるだろう（ケンカに強いハシボソガラスはランクが高いだろうからハシボソ同士でくっつくだろう。一方、ハシボソガラスのなかでは劣位な個体でも、ケンカに弱いズキンガラスにとっては優良物件になりうる)。となると「色が違うから繁殖がうまくいかない」のではなく、「色違いでペアになるような劣位個体だから、そもそも実力が低い」ということにならないだろうか。

いやまあ、これはまだ単なる妄想である。両者が接触するハイブリッド・ゾーンで実際に彼らがどうやって集団を作り、どうやってペアを形成しているのか、それを見ないことにはなんとも言えない。だが、こういうことを考えながらカラスを眺めているのは非常に楽しい。

聖堂近くに現れたズキンガラスはペアだった。舞い降りてくると、２羽で仲良く歩き回って餌を探している。地上をトコトコと歩き回るところはハシボソガラスそっくりだ。ただ、立ち止まったときに羽毛を膨らませるのか、体が妙に丸っこく見える。よく見ると風切羽も長いようだ。翼を畳むと尾羽の半分より後ろまで届くし、ほとんど尾羽の先まで達している場合もある。ハシボソガラスにも風切羽の長い個体はいるが、ここまで平均的に長くはない気がする。これは尾が短いのか、それとも本当に翼が長いのか？　翼の長さは飛行性能に関係する。一般に長距離を飛ぶ鳥は翼が長い。一方で、とっさに飛び立ったり、急旋回して身をかわしたりする能力には劣る。ということは、「長く飛ぶか、それとも敵から身をかわすか」というトレードオフがあるということだ。ズキンガラスは長距離飛行に適した体を持っているのだろうか？

ウプサラの街には公園や庭が多く、草が生えてひらけた地面がたくさんある。こういった場所はハシボソガラスやズキンガラスにうってつけの採餌場所になる。彼らは地面を歩いて餌を探すのが得意だからだ。むしろ、樹木の生い茂った森林には分布しない。

だが、ズキンガラスは見かけてもせいぜい数羽だった。大型のカラスの「群れ」というものは見なかった。やはり、ハシブトガラスという、かなり大きなカラスがどこにでもいる東京は、世界でもちょっと特殊なほうなのだ。

さて、自由時間にお土産を探しておこう。ストックホルムのほうが何でも売っているだろうが、私はこの小さな古い街がとても気に入っていた。

一緒にカラスを調査している森下さんに、以前、スウェーデン土産のスタンプをいただいたことがあった。マンマムー・オック・クロカンという絵本か何かのキャラだという。マンマムーは雌牛で、クロカンはズキンガラスである。スウェーデン語ではズキンガラスのことをクロカと言うので、そこから名付けたのだろう。ムーはたぶん、牛の鳴き声だ。日本語なら「モーおばさんとクロちゃん」とでもなるか（あとで本を読んでみると、マンマムーは「おばさん」と呼ぶには若々しかったが）。

クロカンは痩せ気味でちょっと猫背で、ぼさぼさ頭で眠そうな目をしたズキンガラスである。森下さん曰く「松原さんそっくり！」と思ったので買ってきたらしい。言われてみれば確かになんだか似ているので、時々、自分の名刺にクロカンのスタンプを押すことにしている。今回もその名刺を持ってきたらウプサラ大の人たちに大ウケした。

本屋に行き、マンマムー・オック・クロカンはあるかと聞くと、「ああ、マンマムーね！」と棚に案内してくれた。む、牛のほうが代表か。英語版もあったはずと言われたのだが、売り切れていた。だが、パラパラとめくってみると絵本というより漫画だ。絵を見ればストーリーはなんとなくわかるだろう。私はマンマムーの絵本と玩具キットを、森下さんへのお土産に買った。

夜、街をぶらぶら歩いて店を探した。ボリュームも値段もすごい食事が続いているので、さすがに胃袋と財布が心配だ。さんざん歩き回って、結局、街の広場に面したピザ屋に入った。ピザのほかにパスタやハンバーガーもあり、ファストフードを手広く揃えた軽食堂と言えばいいのだろうか。

一番安い「ラ・マフィア」というピザを注文して待っている間、ウプサラで見たカラスを思い出してみた。スウェーデン滞在中、カラスがゴミを漁っている姿はほぼ見ていない。道端にダンプスターやゴミ箱は見かけたので、ああいうところに捨てて、こまめに回収しているのだろうか。そういえば初日に大きなゴミトラックを見たが、ウィーンで見たゴミトラックとは違った。ウィーンのはダンプスターを摑んで持ち上げ、中身を荷台に空けるためのアームを備えていた。ウプサラで見かけたのは、日本のゴミ収集車に似たものだ。

だが、公園のゴミ箱を漁っている鳥は、もしいるとしたら、カササギだった。カラスと人の距離がなんとなく遠いのだ。

そういえばオープンカフェもあったが、そういうところにはイエスズメがいて、こぼれたパンくずを拾ったりはしていた。私がケバブを食べているときも、意味ありげに足元まで寄ってきた。だが、カラスはそういうことをしていない。東京なら間違いなく、ハシブトガラスがその辺の木に止まって「こいつ、食べ物を落とさないかな」と言いたそうな顔をしている。

全体にゴミの少ない、小綺麗なウプサラの街では、カラスはつつましく後ろに下がり、天然の餌を中心に採餌しているのかもしれなかった。

そう思っていたら、コックがピザをカウンターの皿にのせ、こっちに押し出した。焼きたて提供はありがたいが、Sサイズなのに実に直径30センチ。一体、なんの冗談だ。

幸いにして、クラストは薄くてパリパリしたタイプだった。面積こそ大きいが、ボリュームとしては見た目よりは小さい。それでも十分に大きかったが……この国で日本人が適量の食事をしようと思ったら、スーパーで材料を買って自分で作るしかないのではないか。とにかく、私は「またやっちまった」の証拠写真を撮り、黙々とピザを平らげた。

ストックホルムでカラス散歩

展示『雲の計測―阿部正直《あべまさなお》が見た富士山』のオープニングレセプションも無事に終わり、帰りは全員のスケジュールがばらばらだ。私は夕方にストックホルムを発《た》つ飛行機に乗る予定だ。だが、私は朝のうちに列車でストックホルムに移動するため、ウプサラ駅に行った。目的は観光半分、鳥半分といったところだ。

列車を待っていると、向かいのホームをカラスが歩いているのに気づいた。パンくずを拾っているようだ。だが、あいつは黒い。ズキンガラスではない。

数日ぶりに見る真っ黒なカラスは、ミヤマガラスだった。日本に冬鳥としてやってくるミヤマガラスは同種となってはいるがちょっと印象が違う。口元から目の直前、下は喉まで皮膚が裸出して白いのだ。アジアのミヤマガラスなら、くちばしの一番根元のところだけが白く、顔は羽毛がフサフサと生えている。そのせいか、ヨーロッパのミヤマガラスは顔が細く、爬虫類《はちゅうるい》的に見える。

細かく言えば、下くちばしの下側、喉元のあたりも違う。アジアのミヤマガラスはここにポコンと羽毛があるが、ヨーロッパの個体群は羽毛がない。実際、東西の個体群は遺伝的にかなり違いが生じており、おそらく2集団に分かれてしまっている。コクマルガラスとニシコクマルガラスが分かれたように、あるいはハシボソガラスが（間にズキンガラスを挟んで）極東と西欧の個体群に分かれているように、ユーラシアの東と西で種分化が進みつつある鳥は、少なくない。この個体群もそのうち、ニシミヤマガラスとでも呼ばれるようになるのだろうか？

見ているとミヤマガラスは2羽になった。仲良くテクテク歩いて、餌を受け渡している。こいつらはペアなのだ。ミヤマガラスのこういう行動を見るのは初めてだ。考えてみたら繁殖しているのだから当たり前だが、ちょっとびっくりする。日本で越冬するミヤマガラスも当然ペアになっているものがいると思うのだが、集団で黙々と餌を漁っていて、こういう個体レベルの行動がはっきり見えない。やはり、個体の行動を細かく見ることができないと、理解が雑になりがちだ。

ミヤマガラスはああ見えて非常に高度な認知能力を発揮することがある。飼育下であれば、針金を曲げて道具を作り、パイプの中から餌を取り出すことができるのである。野生状態で道具を使うカレドニアガラスならわかるが、ミヤマガラスがなぜ？

この答えはまだ出ていないが、意外なところにヒントがあるかもしれない。カレドニアガラスとミヤマガラスに共通するのは、くちばしの形なのだ。

ミヤマガラスの若鳥はハシボソガラスによく似ているが、イギリスの鳥類標識調査のハンドブックによると、「上下のくちばしの合わせ目が直線的なのがミヤマガラス、下に曲がっているのがハシボソガラス」となっている。標本を見る限り、ミヤマガラスも曲がっていないわけではないが、確かにハシボソガラスよりは直線的に見える。カレドニアガラスの場合くちばしの付け根あたりでくの字に曲がるが、そこから先端まで、ほとんど一直線だ。伊澤栄一《いざわえいいち》と山崎剛史《やまさきたけし》の研究によると、合わせ目がまっすぐなくちばしで道具をくわえた場合、顔の正面に向けて構えることができる。つまり、道具の先端を視野にきちんと捉えながら操作できる。くちばしの曲がりが大きいと、道具は斜め下を向いてしまい、操作しにくそうに思える。

してみると、知能の代名詞のように言われている道具使用にも思わぬ落とし穴があるかもしれないのだ。道具を操るのに適した体でなければ、道具を使う意味が薄れるのである。

そのうち列車が来たので、私はこれに乗り込み、ストックホルムを目指した。

ストックホルムは海辺の街で、いくつもの小さな島にまたがっている。島と島の間は橋で渡れる程度のこともあれば、フェリーボートで渡る場合もある。そのため、海峡なんだか運河なんだかよくわからない水路も時々ある。

船着場であたりを眺める。カモメ、それも大きなセグロカモメとオオセグロカモメがいっぱいだ。海上にはホオジロガモとカワアイサも見える。公園で見たゴジュウカラもそうだが、日本の北の方、特に北海道にいろいろ近い感じがする。

カモメたちは何をするでもなくその辺にたむろしているが、人がパンくずを投げると一斉に集まってくる。そのなかに小さな黒っぽい鳥もいた。ニシコクマルガラスだ！　カモメの間を素早く動き回って、パンくず争奪戦に参加している。だがカモメはニシコクの2倍近い大きさだ。日本ではカラスの群れに混じったスズメがこういう動きをしているが、ここではカモメが最強なのだ。

写真を撮っていると、私の足元まで一羽のニシコクマルガラスが寄ってきた。どうやら無言で餌をねだっているらしい。何も持っていないのでそのまま眺めているとプイと去っていったが、近くで見ると妙に羽毛がぼろっちいのが気になった。それに色も黒っぽい。これは若い個体だ。この個体は人間に近づいて餌をねだらないといけないくらい腹をすかせた、食いっぱぐれの若者なのだろうか。それとも、単に換羽《かんう》中で羽が抜け気味なだけだろうか？

どちらにしても、ウプサラに比べてずいぶんと人慣れしている。考えてみれば、日本だって田舎《いなか》と東京ではハシブトガラスの警戒度合いが全然違うものだ。東京では、人間に遠慮していたら餌が採れないのである。これはどうやら、ストックホルムでも同じらしかった。

海を望む、大きな通りの交差点にさしかかった。路面電車の線路もある。後ろはヘルツェリー公園だ。と、道端の一本の木に、ズキンガラスが何羽か止まっているのに気づいた。丸い大きな実をくわえようとしている。はて、まだ緑色だが、青リンゴか？　いや違う、あれはクルミだ。外果皮《がいかひ》がついているので緑色に見えるのだ。我々が見かける、殻に包まれたクルミは外果皮がついていない。クルミの硬い「殻」は内《ない》果皮、そして、それを包む肉厚な皮が外果皮だ。見ていると、ズキンガラスはクルミをくわえて飛び、近くのビルの上に止まった。そこでクルミをくわえなおしている。どうする？　落とすか？　落として割るのか？　それとも車に轢《ひ》かせるか？

期待しながら見ていたのだが、ズキンガラスは再びクルミをくわえあげて飛び去ってしまった。残念だ。

まあ、車に轢かせる行動は日本でしか見つかっていないので、もしやるとしても高所から落とす程度だったろう。

歩き回っているうちに腹が減ったので、公園の一角にあるオープンカフェ的なケバブ屋に入った。うっかりレストランで飯を食うとえらく高いが、ケバブ屋なら財布に優しい。これはかつてオーストリアで学んだが、ウプサラでも同じだった。ケバブといっても、ケバブバーガー、ケバブサンド、ケバブラップロール、ケバブディッシュと各種ある。バーガーとサンドとラップはガワが違うだけだが、ディッシュはケバブとフライドポテトを皿盛りしたセットだ。お値段は80円ほど。これでいいか。

ケバブディッシュをのせたトレイを持ってテーブルに座ると、サッとニシコクマルガラスが降りてきた。そいつを目で追ってからふと横を見ると、隣の空きテーブルにも一羽降りている。こいつらは頬から首筋が銀白色の成鳥だ。そして、三白眼でじっとこっちを見ている。とりあえずポテトにソースをつけて齧《かじ》ろうとすると、「食うのか？　お前はそれを食うのか？　俺をさしおいて、本当に食うのか？」と言いたそうな目でこっちを見る。食いにくいこと、このうえない。しまった、あの、アイコンタクトがしやすい目には、こういう効能もあったか。

仕方ない。私は落としたようなフリをして、ポテトを一本、カラスの方に投げた。ニシコクちゃんはトコトコと歩いてくるとポテトをくわえ、隣のテーブルの下に退避して食べ始めた。それを見てさらに2羽やってくる。まあ、こうなるわなあ……これが動物に餌を与えたときに起こることだ。どこかで線を引くしかない。私はポテトを一本ずつ投げてやり、もうそれで終わりと決めた。ニシコクマルガラスのほうもそれ以上「くれくれ」と寄ってくるわけではなく、ちょっと遠巻きにこちらをじっと見ている。

そのうち、客席に糞を落とされるのを嫌ったか、店員がカウンターから出てきた。といっても激怒しているとかいうのではなく、「はいはい、こっち来ないの」という程度の、寛容な態度でカラスを追い払う。ニシコクマルガラスは近くの建物まで逃げたが、まだこっちを見ている。おそらく、こうやって一日じゅう公園をぶらぶらしつつ、人間の食べこぼした餌を狙って過ごしているのだろう。

こうして、スウェーデンへの旅はニシコクマルガラスを眺めながら終わろうとしている。ハンガリーで誓った「ちゃんとした写真」もバシバシ撮れたし、ズキンガラスも近くで見た。彼らの暮らしぶりも、少しは理解できた気がする。

次に来るとしたら春がいいな。子育てしている姿が観察できれば、ニシコクマルガラスやミヤマガラスがもっと理解できるはずだ。

おわりに～旅はまだまだ終わらない

屋久島、知床《しれとこ》、ウィーン、ブダペスト、ランカウイ島、ウプサラ……カラスを見ながら旅をした距離はどれほどになるのだろう。試しに足し算してみよう。

ウィーンまでは9100キロ（実際はドバイ経由なのでもう少し長いはずだが）、そこからブダペストへは150キロほど。合計9250キロ、往復1万8500キロ。ウプサラまではアムステルダム経由だったので約1万キロ。往復で2万キロだ。ランカウイはクアラルンプール経由で5800キロ、往復1万1600キロ。大きな旅だけでも5万キロに迫る。それ以外の、カラスを追い求めて国内を移動し、学会にかこつけてカラスを見てきた距離もある。

この本には韓国の蔚山《ウルサン》に集まる20万羽のミヤマガラスの話も加えるはずだった。ところがコロナウィルスによる新型肺炎の流行によって予定がキャンセルになってしまった。その前年にはロシアに鳥を見に行かないかという話もあり、ウラジオストクからシベリアのハシブトガラスを見てきてやろうと思っていたのだが、こちらも実現しなかった。残念である（そのため、この本の企画段階の章立てには「荒野のハシブトガラス」があった。なにそれ素敵）。あと、2度行った台湾は私の大好きな国で、いろんな鳥を見たし面白い経験もしたのだが、カラスが見られなかったので割愛した。実に残念である。

だが、世の中にはレベルの違う旅人がいて、たとえば私の友人の動物写真家は日本にいる時間のほうがよっぽど短い。サラリーマンをやっているくせに、ちょっと休みがあると世界中に写真を撮りに行くやつもいる。それに比べれば、私は特に旅をしているわけではないし、旅慣れているとも言えないだろう。それでも、あるいはそれゆえに、旅先で出会う事物はとても新鮮に映る。そして、その事物とは、人間の活動ばかりとは限らない。

地域が違えば気候が違い、環境が違い、生物の分布が違う。それは言語や文化の違いと同様、強く感じられるものだ。たとえば足元に寄ってくるスズメは、日本とスウェーデンでは同じではなかった。それは、どうかすると食べ物の違いよりも強く、「異国に来た」と感じさせるものだった。そして、その鳥がどんな環境にいて、その環境でどうやって生きているのかと考えるのはとても楽しい。

見た鳥の数を競うつもりは特にないが、世界のカラスをコンプリートするのは、私の密《ひそ》かな夢である。だが、今までに見たカラスはまだ10種に満たない。世界に40種ほどいるカラスを見尽くすのは、まだまだ先のことである。熱帯のジャングルから極寒のツンドラまで、大陸のド真ん中からはるか大洋の孤島まで、カラスはいる。

未知の土地ならぬ「未知のカラス」を求める気持ちは、いつまで私の熱意と体力を支えてくれるだろうか。

いや、それ以前に旅費がとんでもないことになるのだが（笑）。

ところで。

本書は『カラス屋のカラス旅』という仮タイトルで書いていたが、「カラス」が続いてくどいという意見もあり、最終的に『旅するカラス屋』というタイトルになった。だが、これについてはちょっと心苦しい部分がある。というのは、私が最初に書かせていただいたカラス本である『カラスの教科書』、これの編集を手がけてくださった植木ななせさん、安武輝昭さんが営むブックカバーの店が「旅するミシン店」なのだ。これは「旅する」という言葉が素敵だったからであり、決してパクりではないのだが、ここにお詫びしておく。

なんか、本を書くたびにタイトルについてお断りを入れている気がするけれど。

二〇二一年三月

装画・本文カット◎ますこひかり
装幀・本文デザイン◎五十嵐 徹
（芦澤泰偉事務所）

本書は書き下ろしです。

著者略歴

松原始〈まつばら・はじめ〉
1969年、奈良県生まれ。京都大学理学部卒業、同大学院理学研究科博士課程修了。専門は動物行動学。東京大学総合研究博物館・特任准教授。研究テーマはカラスの生態、及び行動と進化。著書に『カラスの教科書』（講談社文庫）『カラスの補習授業』（雷鳥社）『カラス屋の双眼鏡』（ハルキ文庫）『カラスと京都』（旅するミシン店）『カラスはずる賢い、ハトは頭が悪い、サメは狂暴、イルカは温厚って本当か？』（山と渓谷社）『カラスは飼えるか』（新潮社）など多数。

Kadokawa Haruki Corporation

松原 始

旅《たび》するカラス屋《や》

*

2021年4月18日第一刷発行

発行者 角川春樹
発行所 株式会社 角川春樹事務所
〒102-0074 東京都千代田区九段南2-1-30 イタリア文化会館ビル
電話03-3263-5881（営業） 03-3263-5247（編集）
印刷・製本 中央精版印刷株式会社

ISBN978-4-7584-1376-3 C0095
http://www.kadokawaharuki.co.jp/